W0085703

Von Johannes v. Buttlar sind bei Bastei Lübbe Taschenbücher lieferbar:

13972 Die Außerirdischen von Roswell
60436 Zeitsprung
60420 Die Methusalemformel
70163 Zeitreisen
70179 Der flüsternde Stein

Über den Autor:

Johannes Freiherr Treusch von Buttlar-Brandenfels, 1940 in Berlin geboren, wurde nach dem Studium der Psychologie, Philosophie, Astronomie, Physik und Mathematik zum »Fellow of the Royal Astronomical Society« in London berufen und war Mitarbeiter eines der bedeutendsten Institute für wissenschaftliche Forschung in Philadelphia. Laut *Focus* ist er einer der erfolgreichsten und meistgelesenen Sachbuchautoren der Gegenwart. Von mittlerweile 25 veröffentlichten Büchern wurden bisher mehr als 26 Millionen Exemplare in 30 Sprachen verkauft.

Johannes v. Buttlar

Schneller als das Licht

Vorstoß zum Unmöglichen

BASTEI LÜBBE TASCHENBUCH
BAND 60518

1. Auflage: Februar 2003

Vollständige Taschenbuchausgabe
der im Gustav Lübbe Verlag erschienenen Hardcoverausgabe

Bastei Lübbe Taschenbücher und Gustav Lübbe Verlag
sind Imprints der Verlagsgruppe Lübbe

Überarbeitete Neuauflage
© 2001 by Verlagsgruppe Lübbe GmbH & Co. KG,
Bergisch Gladbach
Textredaktion: Monika Rohde, Bonn
Einbandgestaltung: Reinhard Borner, Hückeswagen
Satz: Dörlemann Satz, Lemförde
Druck und Verarbeitung: Clausen & Bosse, Leck
Printed in Germany
ISBN 3-404-60518-7

Sie finden uns im Internet unter
http://www.luebbe.de

Inhalt

Auftakt

Kinder, wie die Zeit vergeht! Leute, wie die Welt sich dreht! 1972, vor knapp 30 Jahren, ist mein erstes Buch erschienen: *Schneller als das Licht*. Und in diesen Jahren vor der Jahrtausendwende hat sich in Wissenschaft und Forschung praktisch mehr ereignet als zuvor in der gesamten Menschheitsgeschichte, soweit wir sie kennen. Eine Entwicklung, die ich fasziniert verfolgt und in meinen diversen Büchern verarbeitet habe.

Als nun eine Neuauflage von *Schneller als das Licht* – übrigens ein Titel, der zur damaligen Zeit eine Provokation bedeutete – mit meinem Verlag zur Sprache kam, konnte ich der Herausforderung nicht widerstehen, diese Thematik mit Hilfe des Fundus meiner vielen Recherchen und Arbeiten zu aktualisieren.

Mit meiner Behauptung, dass die Lichtgeschwindigkeitsgrenze möglicherweise durchbrochen werden kann, habe ich mich 1972 nicht nur »in die Nesseln gesetzt«, sondern diente auch als Zielscheibe für allerlei Angriffe.

»Wir setzen voraus, dass es keine Wirkung gibt, die sich mit Überlichtgeschwindigkeit fortpflanzt«, äußerte sich bereits Hans Thirring (1888–1976), der Vorstand des Instituts für theoretische Physik der Universität Wien und Wegbereiter der Einsteinschen Relativitätstheorie zu diesem Thema. »Tatsächlich existiert auch nach menschlichen Erfahrungen keine solche Wirkung. Würde man einmal die Wirkung entdecken, die rascher als das Licht liefe, so würde damit das ganze Gebäude der Relativitätstheorie zusammenbrechen. Das ist aber sehr unwahrscheinlich.«

Es ist also nicht weiter überraschend, dass die Meldung

über Experimente mit Überlichtgeschwindigkeit im Labor die Fachwelt in helle Aufregung versetzte. Das Schlagwort dafür ist: »Überlichtgeschwindigkeit durch Tunneln.«

Bei diesen Experimenten handelt es sich um einen Effekt, der durch die Quantenmechanik bekannt ist: Wird ein fließendes Gewässer durch einen Engpass, beispielsweise eine Röhre, geleitet, wird die Fließgeschwindigkeit durch diese Verengung erhöht.

Einige Forscher, unter anderen auch Günter Nimtz und Achim Enders vom Physikalischen Institut der Universität Köln, haben dieses Prinzip auf elektromagnetische Wellen übertragen. Bei einer Anwendung des Tunnel-Beispiels auf Mikrowellenstrahlung würde der Empfänger normalerweise wenig bzw. gar keine Strahlung mehr empfangen. Doch die durch den engen Tunnel gesandte Mikrowellenstrahlung war gegen jede Erwartung zeitlich noch vor der Vergleichsstrahlung messbar. Da Mikrowellen sich mit Lichtgeschwindigkeit ausbreiten, ist bewiesen, dass die durch den Tunnel gesendete Strahlung die Entfernung zwischen Sender und Empfänger mit Überlichtgeschwindigkeit zurückgelegt hat – und zwar laut Nimtz mit über vierfacher Lichtgeschwindigkeit – also mit mehr als 1 200 000 Kilometern in der Sekunde.

Empörte Aufschreie des Establishments verwiesen darauf, dass Überlichtgeschwindigkeit sich nicht mit unserem derzeitigen Weltbild vereinbaren lässt.

Doch nicht nur auf dem Gebiet der Physik, sondern auch im Zusammenhang mit anderen Disziplinen gerät unser althergebrachtes Weltbild ins Wanken...

Funde,
die es nicht geben darf

Die Beantwortung der Frage nach der Herkunft des Menschen ist – trotz Darwin – bis heute ein Problem geblieben. Seine auch auf den Menschen zutreffende Abstammungslehre und dessen abstammungsgeschichtlicher Weg werden ebenso allgemein akzeptiert, wie sein Prinzip der Auslese unter einer Unzahl von Varianten.

Jedoch der Kopf, in dem sich der Entwicklungsgedanke erstmalig scharf umrissen manifestierte, gehörte dem großen französischen Naturwissenschaftler Jean Baptiste Lamarck (1744–1829). Er verkündete den Entwicklungsgedanken in umfassender Weise und baute ihn aus. Er trat 1809 mit einer fertigen Entwicklungslehre, der Deszendenztheorie, hervor, deren wesentlichste Punkte bis heute noch Gegenstand lebhaftester Erörterungen sind. Lamarck nahm an, dass allen Lebewesen als Grundzug ihres Seins ein Trieb zur Veränderung eigen ist, d. h., dass bestimmte Organe sich entweder vervollkommnen oder verkümmern.

Daraus ergibt sich ein laufender Anpassungsprozess zu immer zweckgerechteren Formen, die wir Höherentwicklung nennen. Lamarck setzte als selbstverständlich voraus, dass diese neu erworbenen, besonderen körperlichen Eigenschaften auf die nächste Generation übergehen.

Nach dem geschichtlichen Verlauf wären die Gedankengänge von Lamarck in Vergessenheit geraten, wenn nicht fünfzig Jahre später, im Jahre 1859, der Engländer Charles Darwin (1809–1882) die gleichen Ideen mit anderen Erklärungen und Ausdeutungen wieder aufgegriffen hätte. Im Gegensatz zur Deszendenztheorie (»Macht der Umwelt«) von Lamarck stellt Darwin seine Selektionstheorie (»Auswahl im Kampf ums Dasein«) auf. Darwin geht von der Voraussetzung aus, dass jedem Lebewesen eine ständige Neigung zu kleineren körperlichen Veränderungen von Natur aus eigen ist. Diese ganz beliebigen Veränderungen brauchen in keiner Weise zweckmäßig zu sein im Sinne einer Höherentwicklung: Der harte Kampf ums Dasein trifft von selbst die Auswahl, indem lediglich die lebensfähigen, also die zufällig zweckbetonten Lebensformen überdauern, während die schwächeren als unbrauchbar eingehen. Durch diese Zuchtwahl ergibt sich zwangsläufig das, was wir als Höherentwicklung bezeichnen.

Darwins Theorie wäre wohl kaum über Fachkreise hinaus bekannt geworden, hätte er nicht stillschweigend den Menschen in den Wirkungskreis des Entwicklungsgedankens mit einbezogen. Sein Landsmann Thomas Henry Huxley nahm diese Idee auf, doch das Bild des biologischen Werdens wurde erst durch Ernst Haeckel (1834–1919) abgerundet. Er schilderte anhand von exakten Forschungen den Lebensprozess als ein einziges großes Wachstum und formulierte damit die heute allgemein akzeptierte Theorie. Er schuf ein neues Wissensgebiet, die Phylogenie, die Stammesgeschichte der Arten, und trennte sie von der Ontogenie, der Entwicklungsgeschichte des Individuums. Alles verfügbare Wissen über Anatomie, Embryologie und Paläontologie wurde zugezogen und eingebaut. Als hochspezialisiertes Säugetier gehörte der Mensch ganz einfach dazu.

Nebenbei gesagt: Weder Darwin noch Haeckel haben jemals die Behauptung aufgestellt, dass wir »vom Affen abstammen«. Menschen und Affen sind lediglich Verwandte eines gemeinsamen Stammes aus den Urtiefen des Lebens. Doch darüber hinaus verfolgte Haeckel auch noch die weiter zurückliegenden, verwischten Spuren unserer animalischen

Ahnen. Er bewältigte die scheinbar unlösbare Aufgabe einer Rekonstruierung unseres Stammbaumes durch eine Artformel von mathematischer Genauigkeit, die wir die »biogenetische Regel« nennen. Diese Regel, die Haeckel selbst als Gesetz bezeichnete, besagt, dass ein Keim im Mutterleib von der ersten Zellteilung an bis zur Geburtsreife sämtliche Ahnenstufen in schnellster Reihenfolge wiederholt und für kurze Zeit entwicklungsmäßig durchläuft.

Das irdische Leben entstand vor rund vier Milliarden Jahren, aber unter völlig anderen Umweltbedingungen als heute. Ob dieser Prozess Hunderte von Millionen Jahre in Anspruch genommen hat oder in einer relativ schnellen Folge von Ereignissen ablief, ist immer noch unbekannt. Allergrößter Wahrscheinlichkeit nach entwickelt sich das Leben nach einem ganz bestimmten universalen Muster.

Das wiederum lässt den Schluss zu, dass das Leben kein einmaliges irdisches Wunder darstellt, sondern sich als normales Naturereignis überall im Universum entwickeln kann und wohl auch entwickelt hat, wo die Umweltbedingungen die Synthese einfacher lebender Organismen zulassen.

Welche Beobachtungen führen nun zu der Schlussfolgerung, dass Leben ein universales Geschehen sein könnte? Wir leiten diesen Schluss zum einen von der Tatsache ab, dass die lebensnotwendigen Chemikalien überall im Universum vorhanden sind. Ganz gleich, wohin wir unsere Spektroskope ausrichten – auf die Sonne, Sterne, Novae, Nebel, interstellare Gas- und Staubwolken oder Galaxien –, überall gibt es die bekannten und für die Entstehung von Leben notwendigen Elemente Wasserstoff, Helium, Stickstoff, Kohlenstoff, Schwefel – dazu alle anderen Elemente, die sich auf der Erde finden.

Ob wir unseren nächstgelegenen Stern, die Sonne, untersuchen oder fernste Galaxien, nirgendwo finden sich unidentifizierbare Elemente. Die Bausteine lebender Organismen sind nicht irdisch, sondern kosmisch. Wir selbst sind also der »Stoff, aus dem die Sterne sind«.

In den letzten Jahrzehnten wurden in den interstellaren Gas- und Staubwolken nicht nur die Grundelemente des Lebens entdeckt, sondern auch eine Vielzahl organischer Verbindungen. Da die benötigten Zutaten im Universum im Überfluss vorhanden sind, kann und wird sich das Leben dort entwickelt haben, wo genügend Zeit zur Verfügung stand und ein lebensförderndes Umfeld gegeben war. Falls die auf der Erde bekannten evolutionären Prozesse – wie Veränderungen des genetischen Codes durch Mutation, biologische Anpassung an Umweltanforderungen und das Konkurrenzverhalten im Überlebenskampf –, falls also diese Abläufe ebenfalls universale Naturgesetzmäßigkeiten sind – und es gibt genügend theoretische Gründe, das zu glauben –, dann wird es in zahllosen kosmischen Ökosystemen Arten geben, die sich zu komplexen Formen entwickelt haben. Sie werden hohe Stufen der Wahrnehmung erreicht haben, des Bewusstseins sowie abstrakter rationaler Fähigkeiten und Qualitäten des Wissens, die vermutlich weit über das hinausgehen, was der Mensch bisher entwickelt hat oder sich gegenwärtig auch nur vorstellen kann.

Orthodoxer Auffassung nach trat der Homo sapiens erstmals erst vor etwas mehr als 100 000 Jahren auf. Ihm war eine außerordentlich lange Entwicklungsreihe vorausgegangen, die sich von den ersten Urorganismen vor etwa 400 Millionen Jahren zu primitiven, aufs Land »gekrochenen« Fischen aufschwang, dann vor rund 225 Millionen Jahren über Reptilien und vor etwa 200 Millionen Jahren zu frühen Säugetieren fortgesetzt hat. Diese standen freilich ganz im Schatten der Dinosaurier, die lange Zeit die Fauna dominierten. Doch vor etwa 64 Millionen Jahren starben die Dinosaurier in einer nach erdgeschichtlichen Maßstäben kurzen Zeit aus. Über die Gründe gibt es bis heute nur unsichere Vermutungen, doch es ist anzunehmen, dass größere Klimaveränderungen stattgefunden haben, denen die Anpassungsfähigkeit dieser Riesen nicht gewachsen war.

Die ältesten Vorfahren der Hominiden-Familie traten erst 35 Millionen Jahre später in Erscheinung. Aus ihnen gingen dann die Primaten hervor, zu denen die Halbaffen, die Affen und die Menschen zählen.

Paläontologen zufolge wurden die ersten Steinwerkzeuge vor gut zwei Millionen Jahren vom Homo habilis, dem so genannten geschickten Menschen benutzt, während der Homo erectus, der aufrecht gehende Mensch, dann vor zirka eineinhalb Millionen Jahren das erste Feuer entzündete. Diese Entwicklungslinie setzte sich dann zum Homo sapiens fort.

Es gibt jedoch eine ganze Reihe rätselhafter Funde, die Zweifel an der Richtigkeit dieser konventionellen Altersbestimmung des modernen Menschen aufkommen lassen. Wäre es denkbar, dass sich der Mensch in fernster Vergangenheit nicht nur linear weiterentwickelt hat, sondern aufgrund uns unbekannter Faktoren Rückschläge erlitten, vielleicht sogar verschiedentlich Rückentwicklungen durchmachen musste? Gab es etwa schon in vorgeschichtlicher Zeit Hochkulturen, die durch irgendwelche Katastrophen ausgelöscht wurden? Musste sich der Mensch vielleicht immer wieder aus einem Primitivzustand erheben, seine Entwicklung von Grund auf neu beginnen, um verlorenes Wissen und untergegangene Fähigkeiten wiederzugewinnen?

In ihrem faszinierenden Werk *Verbotene Archäologie* präsentieren die Wissenschaftler Michael A. Cremo und Dr. Richard L. Thompson Beweise, denen zufolge die Menschheit wesentlich älter ist, als bisher behauptet wurde. Laut ihren Feststellungen gibt es Menschen wie uns, den Homo sapiens, schon seit Millionen Jahren. Sinngemäß berichten die beiden Autoren in ihrem Vorwort unter anderem: »An der Fundstelle von Laetoli im ostafrikanischen Tansania entdeckten Wissenschaftler 1979 in über 3,6 Millionen Jahre alten Ascheablagerungen Fußabdrücke. Wie andere Wissenschaftler war auch die Paläontologin Mary Leakey der Meinung, dass diese Fußabdrücke von denen moderner Menschen nicht zu unterscheiden seien. Eine Feststellung, die für die Forscher lediglich bedeutete, dass diese 3,6 Millionen Jahre alten Vorfahren des Menschen im Besitz bemerkenswert moderner Füße waren. Der Physiologe und Anthropologe R. H. Tuttle von der Chicago University und eine Reihe gleich gesinnter Kollegen gaben jedoch zu bedenken, dass die fossilen Gebeine der aus jener Zeit bekannten Australopithezinen eindeutig affenartige Füße aufwiesen. Demzufolge seien diese auch keinesfalls mit den Fußabdrücken von Laetoli ›unter einen Hut‹ zu bringen.«[*]

Im März 1990 schrieb Tuttle in der Zeitschrift *National History* einen Artikel, in dem er sich das Geständnis abrang, dass man »irgendwie vor einem Rätsel stehe«. Dieser Aussage zufolge könnte es doch sehr wohl möglich sein, dass vor 3,6 Millionen Jahren in Ostafrika Geschöpfe mit »anatomisch modernen« menschlichen Körpern lebten, zu denen diese »anatomisch modernen menschlichen« Füße passten, und

[*] Zitate mit freundlicher Genehmigung der Bettendorfschen Verlagsanstalt, Essen

vielleicht lebten sie in Koexistenz mit affenähnlichen Kreaturen.

Es ist dies eine archäologische Möglichkeit, die weder
Tuttle noch Leakey in Erwägung zogen. Aber so faszinierend
sie auch sein mag, unterliegt sie angesichts der noch gülti-
gen Theorien von der menschlichen Evolution einem stren-
gen Tabu.

In den letzten Jahrzehnten sind Wissenschaftler in Afrika
auf fossile Knochen gestoßen, die erstaunlich menschlich
aussehen. So gruben Bryan Patterson und W.W.Howels in
Kanapoi, Kenia, einen überraschend modernen Oberarmkno-
chen aus, dessen Alter, Schätzungen zufolge, vier Millionen
Jahre betragen dürfte.

Nach Aussagen der Wissenschaftler Henry M.McHenry
und Robert S.Corruccini von der University of California »un-
terscheide sich der Kanapoi-Humerus kaum vom modernen
Homo«. Dementsprechend äußerte Richard, der Sohn von
Mary Leakey (Kurator des Nationalmuseums von Kenia), dass
der 1972 am Turkana-See in Kenia gefundene Oberschenkelknochen von dem des modernen Menschen nicht zu unterscheiden sei. Normalerweise ordnen Wissenschaftler diesen
etwa zwei Millionen Jahre alten Oberschenkelknochen dem
vormenschlichen Homo habilis zu. Da er jedoch allein gefunden wurde, wäre es möglich, dass auch der Rest des Skeletts
durchaus anatomisch modern war.

Interessanterweise stieß der deutsche Wissenschaftler
Hans Reck 1913 in der Olduvai-Schlucht, im heutigen Tansania, in über eine Million Jahre alten Schichten auf ein voll-
ständiges, anatomisch modernes Skelett und löste damit
eine Jahrzehnte andauernde Kontroverse aus.

Wie sich gezeigt hat, ist das einschlägige Beweismaterial
mit den Laetoli-Fußabdrücken, dem Kanapoi-Oberarmkno-

chen sowie dem Oberschenkelknochen ER 1481 noch lange
nicht erschöpft. Denn in den letzten acht Jahren haben
Cremo und Thompson mit Hilfe ihres Forschungsspezialisten
Stephen Bernath umfangreiches Material zusammengetra-
gen, durch das die orthodoxen Theorien über die Menschwerdung in Frage gestellt werden.

Zahlreiche Wissenschaftler entdeckten in den Jahrzehnten nach Darwin eingeschnittene und zerbrochene Tierkno-
chen und Muschelschalen. Das führte zur Vermutung, dass
im Pliozän, also vor zwei bis fünf Millionen Jahren, im Mio-
zän, vor 5 bis 25 Millionen Jahren, oder vielleicht sogar noch
viel früher Menschen oder Menschenvorfahren lebten, die
Werkzeuge benutzten. Bei der Analyse eingekerbter und zer-
brochener Knochen und Schalen kamen die Entdecker nach
sorgfältigen alternativen Erklärungsmöglichkeiten schließlich zu dem Schluss, dass Menschen dafür verantwortlich
sein müssen. In einigen Fällen wurden zusammen mit den
eingeschnittenen oder zerbrochenen Knochen und Schalen
auch Werkzeuge gefunden.

Ein besonders auffälliges Beispiel dafür ist eine Muschelschale mit einem auf der Außenseite eingeritzten groben,
aber deutlich erkennbaren menschlichen Antlitz. Der Geologe H. Stopes von der British Association for the Advance-
ment of Science berichtete schon 1881 über diese aus einer
pliozänen Muschel-Mergel-Formation in England stammende,
über zwei Millionen Jahre alte Muschelschale. Der Schulmei-
nung zufolge sind solcher Kunstfertigkeiten fähige Menschen
frühestens vor 30 000 bis 40 000 Jahren in Europa aufgetaucht.
Und selbst in ihrer afrikanischen Heimat wäre ihr Erscheinen,
wiederum der konventionellen Auffassung nach, nicht früher
als vor 100 000 Jahren erfolgt.

Der angesehene argentinische Paläontologe Florentino

Ameghino fand in seiner Heimat bei Monte Hermoso Steinwerkzeuge, Spuren von Feuer, zerbrochene Säugetierkno-
chen und einen menschlichen Rückenwirbel in einer Pliozän-
Formation. In ganz Argentinien stieß er noch auf weitere
Entdeckungen ähnlicher Art und machte damit Wissenschaftler in aller Welt auf diese Funde aufmerksam, die so
gar nicht ins wissenschaftliche Weltbild passten.

Noch vor dem Ersten Weltkrieg führte sein Bruder Carlos
in Miramar an der argentinischen Küste südlich von Buenos
Aires weitere Forschungen durch. Dabei stieß er auf eine
Reihe von Steinwerkzeugen, darunter Bolas, und Spuren von
Feuerstellen. Die Funde in der Chapadmalalan-Formation
wurden von einer Geologenkommission bestätigt und auf ein
Alter von drei bis fünf Millionen Jahren geschätzt. Darüber
hinaus entdeckte Carlos Ameghino am Fundort Miramar
auch noch eine steinerne Pfeilspitze im Oberschenkelknochen eines pliozänen Toxodons, also einer ausgestorbenen
südamerikanischen Säugetierart.

Lorenzo Parodi, ein Mitarbeiter Carlos Ameghinos, fand
1920 in der pliozänen felsigen Steilküste von Miramar ein
Steinwerkzeug, das er an Ort und Stelle zurückließ. Als
Parodi es in Anwesenheit mehrerer Wissenschaftler »aus-
grub«, kam unerwartet eine Steinkugel zum Vorschein –
keine Bola, sondern dem Aussehen nach eher ein Mahlstein.

Funde wie die in Miramar, Pfeilspitzen und Bolas, werden
gewöhnlich dem Homo sapiens als Werkzeug zugeschrieben.
Akzeptiert man diese Funde, hält man sie also für glaubwürdig, dann haben vor mehr als drei Millionen Jahren »anatomisch moderne« Menschen in Südamerika gelebt. Dieses Bild
wird durch das von M. A. Vignati 1921 in der Chapadmalalan-
Formation, spätes Pliozän, von Miramar gefundene voll-
menschliche Kieferbruchstück abgerundet.

Anfang der fünfziger Jahre entdeckte Thomas E. Lee vom kanadischen Nationalmuseum in eiszeitlichen Ablagerungen bei Sheguiandah auf Monitoulin Island im nördlichen Huron-See Steinwerkzeuge, die auf fortgeschrittene Bearbeitungs-techniken schließen ließen. Der Geologe John Sanford von der staatlichen Wayne University schloss daraus, dass die Sheguiandah-Werkzeuge zwischen 65000 und 125000 Jahre alt sein könnten – wiederum Zahlen, die für die orthodoxe Wissenschaft nicht akzeptabel sind.

»Thomas E. Lee klagt an«, schreiben Cremo und Thomp-son: »Der Entdecker der Fundstellen (Lee) wurde von seinem Posten im Staatsdienst geschasst und war danach längere Zeit arbeitslos; Publikationsmöglichkeiten wurden vereitelt. Mehrere prominente Autoren stellten das Fundmaterial falsch dar [...]; Tonnen von Artefakten verschwanden in den Lagerräumen des National Museum of Canada in Kisten; weil er sich weigerte, den Entdecker zu feuern, wurde der Direk-tor des National Museum, der vorgeschlagen hatte, dass über die Funde eine Monografie veröffentlicht werden sollte, selbst entlassen und ins Exil getrieben; Prestige und offi-zielle Machtträger wurden bemüht, um ganze sechs She-guiandah-Fundstücke, die nicht verschwunden waren, in die Hand zu bekommen; und aus dem Fundort selbst hat man ein Touristenzentrum gemacht. [...] Sheguiandah hätte zwangs-läufig das peinliche Eingeständnis zur Folge gehabt, dass die wissenschaftlichen Gralshüter eben doch nicht alles wuss-ten. Es hätte weiterhin bedeutet, dass fast jedes einschlägige Buch hätte umgeschrieben werden müssen. Also musste die Sache sterben. Und sie starb.«

Die Behandlung, die Lee erfuhr, ist kein Einzelfall. In den sechziger Jahren legten Anthropologen bei Hueyatlaco in Mexiko Steinwerkzeuge frei, die alles andere als primitiv waren. Die Geologin Virginia Steen-McIntyre und andere Mitglieder eines Forscherteams des US-Amtes für geologische Aufnahmen datierten die fundhaltigen Schichten auf etwa 250 000 Jahre. Das war eine Herausforderung sowohl für die amerikanische als auch für die globale Anthropologie. Denn Menschen, die in der Lage waren, entsprechende Werkzeuge herzustellen, dürften nach allgemeiner Lehrmeinung erst vor ungefähr 100 000 Jahren in Afrika aufgetreten sein.

Für Virginia Steen-McIntyre wurde es ziemlich schwierig, ihre Untersuchung über die Hueyatlaco-Funde zu veröffentlichen. So schrieb sie an Estella Leopold, die Mitherausgeberin der Fachzeitschrift *Quaternary Research*: »Unsere Arbeit in Hueyatlaco ist von den meisten Archäologen zurückgewiesen worden, weil sie deren Theorie widerspricht. Punktum!«

Diese Art der Faktenunterdrückung hat eine lange Geschichte. 1880 publizierte J. D. Whitney, Geologe im Dienst des Bundesstaates Kalifornien, eine umfangreiche Würdigung der in den kalifornischen Goldminen gefundenen Steinwerkzeuge, die eine fortgeschrittene Herstellungstechnik zeigten. Die Gerätschaften, darunter Speerspitzen, steinerne Mörser und Stößel, wurden tief in Bergwerksschächten gefunden, unter dicken, unangetasteten Lavaschichten, in Formationen, denen heutige Geologen ein Alter zwischen 9 und 55 Millionen Jahren zuschreiben. W. H. Holmes vom Smithsonian-Institut, einer der lautesten Kritiker der kalifornischen Funde, schrieb: »Falls Professor Whitney die Geschichte der menschlichen Evolution, wie wir sie heute verstehen, voll gewürdigt hätte, dann hätte er vielleicht, ungeachtet des imposanten Aufgebots an Zeugnissen, mit denen er sich konfrontiert sah, gezögert, die von ihm gezogenen Schlüsse (dass bereits in sehr alten Zeiten Menschen in Nordamerika lebten) bekannt zu machen.«

Mit anderen Worten: Wenn die Fakten mit der favorisierten Theorie nicht übereinstimmen, dann müssen selbst imposante Fakten aufgegeben werden.

Entdeckungen ungewöhnlich alter Skelettreste von anatomisch modernen Menschen stützen die aus den Werkzeugfunden gezogenen Schlüsse. Der in diesem Zusammenhang vielleicht interessanteste Fall ist der von Castenedolo in Italien, wo der Geologe G. Ragazzoni 1880 fossile Knochen mehrerer Individuen des Homo sapiens sapiens in 3 bis 4 Millionen Jahre altem, pliozänem Schichtgestein fand.

Während des Pliozäns, vor Millionen von Jahren, umspülten warme Meereswellen die Südabhänge der Alpen und hinterließen die Ablagerungen von Weichtieren und Korallen. Der Geologe Professor Giuseppe Ragazzoni fuhr im Spätsommer des Jahres 1860 in die Ortschaft Castenedolo, etwa zehn Kilometer südöstlich von Brescia. Er wollte in den freigelegten pliozänen Schichten einer Grube, die am Fuße des Colle de Vento lag, nach fossilen Muscheln Ausschau halten.

Als er einer Korallenbank nachging, um Muscheln zu suchen, hielt er plötzlich eine völlig mit Korallen ausgefüllte Schädeldecke in den Händen, verbacken mit dem für diese Formation typischen blaugrünen Lehm. Als er verblüfft weitersuchte, fand er noch Rippenstücke und Knochen von Gliedmaßen, die ohne jeden Zweifel menschlichen Ursprungs waren.

Daraufhin begab sich Ragazzoni mit seinem Fund zu den Geologen A. Stoppani und G. Curioni, die daran jedoch nicht interessiert waren. Ragazzoni warf die Knochen deshalb weg, wenn auch mit Bedauern, hatte er »sie doch zwischen Korallen und Seemuscheln liegen sehen, wo sie, ungeachtet der Ansicht der beiden fähigen Wissenschaftler, den Anschein erweckten, als seien sie von den Wellen des Meeres

angeschwemmt und von Korallen, Muscheln und Lehm bedeckt worden«, schrieb Ragazzoni 1880.

Aber damit war die Geschichte für Ragazzoni nicht abgetan. Die Vorstellung, dass bereits im Pliozän ein Mensch gelebt haben könnte, ließ ihm keine Ruhe mehr, und so suchte
er die Fundstelle erneut auf: Wiederum stieß er auf einige
Knochenreste.

Carlo Germani, ein Bekannter Ragazzonis, kaufte auf dessen Anraten 1875 in Castenedolo Land, da der phosphatreiche
Muschellehm bei den Bauern der Umgebung als Dünger sehr
begehrt war. Germani wurde von Ragazzoni allerdings darauf
aufmerksam gemacht, dass er beim Bodenabbau auf Knochenreste stoßen könnte. 1879 auf 1880 war das dann tatsächlich der Fall. Bei einer Grabung zwischen der Korallenbank
und der darüber liegenden Muschelschicht fielen Germani
eine größere Anzahl unterschiedlicher Knochenfragmente
auf, die von Ragazzoni am darauf folgenden Tag eigenhändig
geborgen wurden: Knochenreste sozusagen von Kopf bis
Fuß. Den aufsehenerregenden Fund machte Germani dann
am 16. Februar 1880 in Form eines vollständigen Skeletts, zu
dem Ragazzoni feststellte: »Die langsame, in sich geschich-
tete Ablagerung des Lehms macht alle Bedenken hinfällig,
dass das Skelett erst in neuerer Zeit durch einen Sturzbach
in den Kink (Lehm) eingeschwemmt worden sei. Das Skelett
lag immerhin über einen Meter tief im blauen Lehm, der jede
Einwirkung durch Menschenhand ausschloss. Diese Fakten
beweisen die frühpliozäne Existenz des Menschen in der
Lombardei.«

Damit wären diese Fossilienfunde auf ein Alter von drei
bis vier Millionen Jahren zu datieren.

Die typische Reaktion der Kritiker lautete, dass die Knochen in relativ neuer Zeit bei einem menschlichen Begräbnis

in die Pliozänschichten gelangt sein müssten. Auch Ragaz-zoni war sich dieser Möglichkeit sehr wohl bewusst und untersuchte daher die darüber liegenden Schichten auf das sorgsamste. Er fand sie unangetastet, ohne auch nur das geringste Anzeichen für eine Bestattung.

Moderne Wissenschaftler bedienen sich radiometrischer und chemischer Testverfahren, um den Castenedolo-Knochen und andere ungewöhnlich alte Skelettreste zu datieren, und in der Tat kamen sie auf ein wesentlich geringeres Alter. Aber wir wissen inzwischen, dass diese Verfahren recht unzuverlässig sein können. Der Radiokarbon-Test zum Beispiel ist besonders unzuverlässig, wenn man ihn auf Knochen anwendet, die (wie jene von Castenedolo) jahrzehntelang in Museen gelegen haben. Unter diesen Voraussetzungen sind die Knochen einer Verunreinigung ausgesetzt, die zur Folge hat, dass sich bei dem Radiokarbon-Test unzulässig niedrige Datierungen ergeben. Um solche Verunreinigungen zu beseitigen, sind rigorose Reinigungstechniken erforderlich. Als 1969 einige der Castenedolo-Knochen dem Radiokarbon-Test unterzogen wurden, war dem keine Reinigung vorausgegangen; das Ergebnis war ein Alter von weniger als tausend Jahren.

1921 schrieb R.A.S. Macalister in einem Lehrbuch der Archäologie über die Castenedolo-Funde: »Die Annahme eines Pliozändatums für die Castenedolo-Skelette schüfe so viele unlösbare Probleme, dass wir bei der Frage, ob wir ihre Authentizität anerkennen oder leugnen sollen, kaum zögern können.«

Eigentlich sind diese Entdeckungen menschlicher Spuren aus dunkelster Vergangenheit so beweiskräftig, dass daraus nur auf die Existenz einer Menschheit vor unserer Menschheit geschlossen werden kann.

Evolutionsbiologen freilich vertreten immer noch den Standpunkt, dass das vor 20 Millionen Jahren lebende äffische Wesen Ramapithecus wahrscheinlich der älteste Urahne der Homo-Familie gewesen ist, aus dem im Lauf von Jahrmillionen sämtliche Primaten hervorgegangen seien.

Nun sollte man doch eigentlich von der Annahme ausgehen dürfen, dass diese noch recht schlicht strukturierten äffischen Vorfahren des Menschen in der Wildnis ein schuhloses Dasein geführt haben. Oder etwa nicht? Wer aber hat dann die Schuhe getragen (Größe 43, wie festgestellt wurde), deren gerippten Sohlenabdruck mit deutlich erkennbaren Nahtstellen eine Gruppe von sowjetischen und chinesischen Paläontologen 1959 in einer mindestens zwei Millionen Jahre alten Sandsteinformation der Wüste Gobi entdeckte? Und wie lässt sich erklären, dass Ende der achtziger Jahre des 19. Jahrhunderts in der Nähe von Carson City, einer amerikanischen Stadt in Nevada, in einer Schieferschicht der Abdruck einer Schuhsohle entdeckt wurde? Und hatte der Hobby-Paläontologe William Meister etwa an seinem Verstand gezweifelt, als er im US-Bundesstaat Utah bei Antelope Springs zwei versteinerten, 32,5 Zentimeter langen Schuhsohlenabdrücken mit verstärktem Druck an den Fersen »über den Weg lief«? Noch dazu hatte der urzeitliche Wanderer beim Auftreten einen kleinen Trilobiten, ein Krebstier also, zertreten. Damit war der Zeitpunkt des Sohlenabdrucks geklärt, nur – er passte noch weniger ins wissenschaftliche Schema. Falls nämlich irgendwelche Zweifel bestehen sollten, sei erwähnt, dass Trilobiten vor etwa 420 Millionen Jahren ausgestorben sind.

Bei der Rekonstruktion der Entwicklung des Menschen hat jedoch nicht nur »Phantomschuhwerk« mit seinen Sohlenabdrücken nach dem Motto: »Was nicht sein kann, das

nicht sein darf«, Verwirrung gestiftet, sondern mehr noch
konkrete Fußspuren, die es, wissenschaftlichen Theorien zufolge, gar nicht geben kann.

So berichtete mir der Leiter der geologischen Abteilung
am Berea College in Kentucky von »Geschöpfen, die zu Beginn des oberen Kohlezeitalters auf ihren zwei Hinterbeinen
und menschenähnlichen Füßen gingen und auf einem Sand-
strand im Rockcastle County von Kentucky Spuren hinterlassen haben. Es war die Zeit der Amphibien, in der sich die
Tiere auf vier Beinen fortbewegten oder, in seltenen Fällen,
mit Füßen vorwärts stolperten, die keine Ähnlichkeit mit
menschlichen hatten. In Rockcastle, Jackson und mehreren
anderen Counties in Kentucky sowie an verschiedenen Plät-
zen zwischen Pennsylvania und Missouri aber existierten
Wesen, die auf zwei Hinterbeinen liefen, deren Pfoten oder
Pranken seltsamerweise an menschliche Füße erinnerten.[*]
Durch die Mitarbeit von Dr. C. W. Gilmore, dem Kustos der
Abteilung für die Paläontologie der Wirbeltiere an der Smithsonian Institution, konnte zudem gezeigt werden, dass ähnliche Wesen auch in Pennsylvania und Missouri lebten. Nach
den Erklärungen Burroughs' wurden die Fußabdrücke, einge-
drückt in waagrechten Sandstein, auf der O.-Finnell-Farm
entdeckt, und zwar drei Paare von Fußabdrücken linker und
rechter Füße. Jede Fußspur hat fünf Zehen und einen deutlichen Spann, dazu gespreizte Zehen wie bei einem Menschen, der nie Schuhwerk getragen hat.

Der Ethnologe David L. Bushnell vom Smithsonian-Institut argumentierte dagegen, möglicherweise hätten Indianer
die Abdrücke aus dem Gestein geschnitten – eine Hypo-

---

[*] Der Verfasser dieser Zeilen hat selbst die Existenz dieser Geschöpfe in Kentucky nachgewiesen.

these, der Burroughs mit Hilfe eines Mikroskops nachging. Er fand auf diese Weise heraus, dass die Sandkörner auf den Abdrücken enger zusammenliegen als die Sandkörner des Felsens unmittelbar neben den Fußspuren. Das ist auf den Druck zurückzuführen, den die Füße des undefinierten Geschöpfes auf den Untergrund ausübten. Am dichtesten sind die Sandkörner an der Ferse gelagert, doch selbst unterhalb des Spanns liegen sie noch enger zusammengedrückt als außerhalb des Abdrucks. Natürlich ist beim gehenden Menschen der Druck der Ferse stärker als der des Vorderfußes.

Aus diesen Tatsachen schloss Burroughs, dass die menschenähnlichen Fußspuren auch von einem menschenähnlichen Wesen in weichem, nassem Sand hinterlassen worden waren, der vor etwa 300 Millionen Jahren versteinerte. Die Moskauer Nachrichten brachten 1983 eine ähnliche Meldung über einen, allem Anschein nach, menschlichen Fußabdruck in über 150 Millionen Jahre altem Juragestein, und zwar direkt neben dem riesigen Dreizehenabdruck eines Dinosauriers. Im Zusammenhang mit diesem in der damaligen Turkmenischen Sowjetrepublik gemachten Fund erklärte Professor Amamijazov: Der Abdruck sei zwar dem eines menschlichen Fußes ähnlich, aber es gebe keinen überzeugenden Beweis dafür, dass er tatsächlich menschlichen Ursprungs sei.

So viele Entdeckungen, die alle auf denselben Sachverhalt hinweisen, können weder Zufall noch eine Folge von Fälschungen sein. Sie zwingen vielmehr zu der Schlussfolgerung, dass bereits im frühen Tertiär, also vor rund fünf Millionen Jahren, anatomisch moderne Menschen gelebt haben.

Dieses Kapitel wird allerdings in den anthropologischen Lehrbüchern »schamhaft« übergangen. Warum? Sind derartige Funde etwa nicht erwähnenswert, weil bestimmte Lehrmeinungen, die sich inzwischen zu einer Art Weltanschauung verselbstständigt haben, dadurch auf den Kopf gestellt würden und sämtliche Theorien über die Menschwerdung neu überdacht und erarbeitet werden müssten? Jedenfalls sind sie eine Herausforderung an das derzeit herrschende Verständnis der menschlichen Evolution.

Doch außer alten Knochen gibt es ja auch noch alte Sagen, die wahrscheinlich ernsthafter Forschung wert wären. Und das wahre Rätsel ist vielleicht nicht: Wie alt ist der Mensch? Sondern: Wer ist der Mensch?

Ein slawisches Märchen aus Podoli erzählt: »Vor langer, langer Zeit wurde der Mensch irgendwo in einer anderen Welt erschaffen – nicht auf dieser Erde. Und als diese Welt unterging, befahl Gott den Engeln: Nehmt einige Menschenpaare und bringt sie zur Erde, auf dass sie sich dort vermehren, um das Andenken des Menschengeschlechts zu erhalten!«

Vor 18 Millionen Jahren, als Mars, Venus und Erde in enger Konjunktion standen, bildete sich eine magnetische Route, auf der ein schimmerndes, riesiges Schiff von überwältigender Schönheit und Kraft zur Erde kam. Es brachte dreimal fünfunddreißig Menschen idealster Gestalt. Eher Götter als Menschen, göttliche Könige archaischen Gedenkens, unter deren gütiger Herrschaft sich ein unbeholfenes Hermaphroditenmonster zum denkenden Geschlechtswesen, zum Menschen entwickelte, berichten uralte Legenden.

Eine Sage über die mysteriöse Stadt Tiahuanaco auf einem Hochplateau der Kordilleren, die älteste Stadt der Welt, wie die Aymara sagen, berichtet über die »Urmutter der Menschheit«, Orejona die Großohrige. Sie kam in einem Raumschiff von einem anderen Planeten und ließ sich auf der

Sonneninsel im Titicaca-See, dem höchstgelegenen See der Erde, nieder, um das Menschengeschlecht zu begründen.

In den Legenden aller Völker dieser Planeten wird von Göttern und Göttinnen erzählt, die vom Himmel zur Erde herabstiegen und sich mit deren Geschöpfen paarten, auf dass der Mensch sich entwickle.

Hindu-»Puramas« gehen sogar so weit, allegorisch von der endlosen Reise kosmischer Götter durch das Weltall zu sprechen. Sie besäen neu entstandene Planeten, damit aus der winzigen Saat der Mensch und schließlich Vishnu, Gott selbst, entstehe, der wiederum, als kosmischer Gott, die Saat in strahlenden Raumschiffen zu anderen Planeten trägt, damit sie auch dort heranreife.

Wie könnten nun all diese Überlieferungen ausgedeutet werden? Darf man so arrogant sein und alle Mythen, Sagen, Legenden und auch religiöse Aussagen, nur weil sie nicht in unsere Schulweisheit passen, ganz einfach abtun? Noch dazu, wenn gleiche Fakten in abweichender Form durch die Jahrtausende bei allen Völkern der Erde – wenn auch durch kulturelle Eigenheiten geprägt, dennoch grundsätzlich gleich – immer wieder auftauchen? Gibt es Rauch ohne Feuer?

In anderen Worten: Kamen Götter von anderen Welten, um in die Entwicklung des Menschen einzugreifen? Kamen Astronauten, um genetische Manipulationen vorzunehmen? Haben sie Spuren hinterlassen? Ist etwa hier das Bindeglied zu suchen?

Diese Möglichkeit kann nicht so leicht von der Hand gewiesen werden, denn obwohl es keine Beweise gibt, so gibt es doch Hinweise!

So wurden z. B. in vielen Ländern der Erde die eigenartigsten, nicht zu erklärenden Gegenstände gefunden. Woher kommt der in 2,50 m in Fels eingebettete Goldfaden, der am 22.6.1844 bei Rutherford-Mills (England) gefunden wurde? Oder der aus einem Felsbrocken stammende Eisennagel vom Steinbruch in Kingoodie (Nordengland) im gleichen Jahr? Beide Funde, hand- oder maschinenverfertigte Artikel, befanden sich in einer geologischen Formation, die auf vierzig Millionen Jahre vor Menschenexistenz *unserer* Kenntnis zurückgeht... Und wer weiß das Geheimnis um Dr. Gurlts Würfel zu lösen? Das sonderbarste Gebilde, in einem Kohlenblock aus der Tertiärzeit entdeckt, wo es für viele Jahrmillionen eingeschlossen war! Dieser beinahe exakte Würfel wurde 1885 gefunden. Um seine Mitte zog sich ein tiefer Einschnitt, und zwei Paralleloberflächen waren abgerundet. Er bestand aus einer harten Kohle-Nickelstahl-Legierung und wog 785 g. Sein Schwefelgehalt war zu gering, um ihn auf natürlichen Kies zurückführen zu können, der hin und wieder in bemerkenswert geometrischen Formen vorkommt. Die Wissenschaftler konnten sich über die Herkunft dieses Würfels nie einigen. Er wurde bis 1910 im Salzburger Museum aufbewahrt und ist dann eigenartigerweise verschwunden. Rätsel über Rätsel!

Hier noch einer der erstaunlichsten Funde: In chinesischen Höhlen wurden aus der Zeit etwa 12 000 v. Chr. eigenartige Steinplatten mit sonderbaren Mustern entdeckt. Mit einem Loch im Zentrum und spiralförmig zum Rand verlaufenden Doppelrillen gleichen sie Schallplatten. Sie gaben asiatischen Wissenschaftlern lange ein Rätsel auf, bis sich endlich erwies, dass diese tonlosen Rillen fremde Hieroglyphen darstellen, die über die »Dropas« berichten, die mit ihren Raumschiffen aus den Wolken kamen. Diese Platten aus Granit geben der Wissenschaft immer noch Rätsel auf.

Historiker vertreten die These, dass die Chinesen ihre An-
fangskulturen erst zwischen 4000 und 2000 v. Chr. begründeten. Die Überlieferung weiß dagegen, dass Tai Hao, Yen Ti
und Huang Ti, die Söhne des Himmels, das Reich der Chinesen zirka 4500 v. Chr. schufen. Sie sollen über die mysteriösen
Kräfte des Universums und magische Kenntnisse verfügt haben; sie standen durch den Feuer speienden, fliegenden Dra-
chen mit den Göttern des Himmels stets in Verbindung ... Ein
Fragezeichen nach dem anderen.

Nicht nur geheimnisvolle Funde, sondern auch vorzeit-
liche Höhlenmalereien verwirren obendrein die Gemüter:
Über die an den Höhlenwänden von Ussat, Ariège, Pair-non-
Pair (Frankreich) und Altamira (Spanien) dargestellten Urtiere
fliegen scheinbar eigenartige, ovale Gegenstände hinweg –
etwa Raumschiffe? So zahllos die Höhlen, so zahllos die Dar-
stellungen fliegender Objekte ... Erstaunlicherweise sind
einige unter ihnen mit Antennen und stilisierten Lichtstrahlen wiedergegeben.

Worum kann es sich handeln? Etwa um urzeitliche Töpfe-
reientwürfe, die Höhlenbewohner der Nachwelt hinterließen? Um zeremonielle Zeichen, gar Symbole mit sexueller
Bedeutung, wie psychoanalytische Ausdeutungen uns weis-
machen wollen?

In der Höhle von Pech-Merle wurde auch eine höchst be-
eindruckende Darstellung einer elliptischen Form mit turm-
artigem Aufbau und so etwas wie einer Landevorrichtung
gefunden. Das Objekt scheint über eine menschliche Figur
dahinzufliegen. Diese Flugkörper müssen von großer Bedeutung gewesen sein; wie wäre es sonst zu erklären, dass der
Künstler in Altamira Gruppen prähistorischer Tiere den Formationen dieser sonderbaren ovalen Objekte an verschiedenen Wandabschnitten gegenüberstellte ... In den Alpen kann

der Besucher die 4000 Jahre alten Kosmonauten-Höhlen-
zeichnungen im Val Camonica bewundern, und in den Tassili-
Höhlen der Sahara erstaunt die Darstellung eines Wesens,
das einem eiförmigen Objekt entsteigt, den Betrachter nicht
weniger.

Japanische Archäologen fanden in den Präfekturen von
Aomori Abbildungen kleiner Wesen in seltsamen Anzügen
und Helmen. Diese zeichnete deutlich eine mit »Schlitzen
versehene Schutzbrille, Antenne, Atmungsfilter und Visier-
gerät« aus.

Obwohl die angeführten Beispiele Material für die These
anbieten, die Erde sei in ihrer Frühzeit von außerirdischen
Lebewesen besucht worden, ist damit noch gar nichts geklärt. Und ob diese Besuche in Beziehung zur Veränderung
des genetischen Codes des Menschen stehen, wissen wir
auch nicht.

Die Wissenschaft nimmt an, dass vor zirka 30 Millionen
Jahren die Altweltaffen und die Neuweltaffen aus einem gemeinsamen Vorfahren entstanden seien; dass die erste Spal-
tung der Neuweltaffen vor etwa zehn Millionen Jahren stattfand und sich vor zirka acht Millionen Jahren der Orang-Utan
abgezweigt hat. Eine spätere Dreiteilung in Gorilla, Schim-
panse und Mensch soll dann vor etwa fünf Millionen Jahren
erfolgt sein. Aber damit ist immer noch nicht der Schritt vom
Tier zum Denk-Tier, genannt Mensch, erklärt.

Ehe das Rätsel über das Erwachen des menschlichen
Geistes endgültig gelöst werden kann, müssen noch viele
Fragezeichen, Widersprüche und Lücken beantwortet, ge-
klärt und ausgefüllt werden.

Wann und wo die ersten hoch entwickelten Kulturen auf
der Erde auftauchten, lässt sich nicht genau datieren. Auch
hier sind es die Überlieferungen, Legenden und Funde, die

uns eine unerschöpfliche Materialfülle über untergegangene
Zivilisationen mit fortschrittlichster Technologie bieten. Also
über Kenntnisse, die dann wieder verloren gingen. Sie berichten von Lemuria, dem Lande Mu, Gondwana, dem Königreich Punt, Agartha, Atlantis etc.

Erzählungen sind natürlich keine Beweise, aber sie sollten uns wenigstens zu Nachforschungen und Überprüfungen
anregen. Ohne seinen Glauben an Homers Epos hätte Hein-
rich Schliemann Troja wohl kaum entdeckt!

So soll sich der Kontinent Mu fast über das gesamte
Gebiet des Pazifischen Ozeans von der Beringstraße bis
nach Australien erstreckt haben. Die seltsamen Riesensta-
tuen auf der Osterinsel werden von vielen Forschern als die
letzten geheimnisvollen Zeugen dieses Riesenreiches betrachtet.

Auch die versunkene Welt von Atlantis mit ihrer hoch entwickelten Technologie – Flugmaschinen, Atomenergie usw.
(wie von verschiedenen Quellen behauptet wird) – fasziniert
die menschliche Fantasie seit Platon immer noch. Dieser
Weise schrieb den Atlantiden eine außerirdische Herkunft
zu.

In erstaunlicher Übereinstimmung erscheint in fast allen
Überlieferungen eine große Flut, die Sintflut. Von fünf durch
Katastrophen ausgelöschten Kulturen gingen zwei durch
Sintfluten unter, entdeckte der amerikanische Archäologe
A. Posnanski.

Und der Historiker Georges Ketman sagt: »Wir werden
zur Annahme gezwungen, dass es vor Jahrtausenden hoch
entwickelte Zivilisationen gab, die entweder auf der Erde
lebten oder wenigstens mit ihr in Verbindung standen; wie
könnte man sonst diese wissenschaftlich ungelösten Rätsel
erklären.«

Eine sensationelle Entdeckung erregte Prähistoriker und Archäologen, als der amerikanische Unterwasserforscher Dimitri Ribikoff vom Atlantic College in Miami, Florida, 1969 vor der Küste der Bahama-Inseln Bimini und Andros versunkenen Unterwassersiedlungen auf die Spur kam.

Riesige, behauene Steinblöcke (der größte ist 5 m lang und muss nach Berechnungen etwa 25 t wiegen) bilden gigantische Mauerreste zwischen 70 und 250 m Länge. Sie ziehen sich über ein Gebiet von über 100 km² hin. Die höchste Stelle ragt bis zu 6 m unter der Wasseroberfläche auf.

Unterwasseraufnahmen und Messungen ergaben, dass nur der kleinere Teil dieser Ruinen über dem Meeresgrund liegt. Aus Spezialberechnungen und Vergleichen mit den Schichten schlossen die Wissenschaftler, dass diese Mauerreste wenigstens 7000 Jahre alt sein müssen. Manche sprechen sogar von 15 000 Jahren. Aufnahmen der Bahamafunde – Reste einer alten Kultur, die noch älter als die der Olmeken sein muss, wurden in Europa erstmalig im *Museé de l'Homme*, Paris, gezeigt.

Die Kultur der Sumerer wird als die älteste Hochkultur der Menschheit betrachtet, die sogar auf die Schöpfung zurückgehen soll. Ihre Könige begründeten Uruk (Ur) in Chaldäa und erreichten ein astronomisches Alter. Denn nach der Überlieferung haben zehn ihrer *Urkönige*, wie sie genannt werden, zusammen sage und schreibe über 456 000 Jahre regiert.

Wer waren die Sumerer? Woher kamen sie? Ihre geheimnisvolle Herkunft liegt im ergründlichen Dunkel. Woher hatten sie ihre unglaublichen astronomischen, mathematischen und technischen Kenntnisse? Wie kommt es, dass ihre Berechnung der Mondumlaufbahn von unseren neuesten Ergebnissen nur um 0,4 Sek. abweicht? Wie lässt sich erklären, dass sie bereits mit fünfzehnstelligen Zahlen umzugehen wussten, wo doch bei den späteren Griechen die Unendlichkeit schon bei 10 000 begann? Auf einem Tonscherben im Hügel von Kujundschik, im einstigen Ninive, fand man die Endsumme einer Berechnung mit einem Zahlenwert von 195 955 200 000 000!

Doch nicht nur das: Sie schrieben die ersten Bücher der Welt in Keilschrift auf Tontafeln. Spätere babylonische Gelehrte stellten daraus die historischen 23 Sumererkönige nach der Sintflut fest, die alles in allem noch 24 510 Jahre, drei Monate und dreieinhalb Tage regierten.

Der Sage nach sollen die Sumerer zu den Göttern, die in silbernen Barken aus den Wolken kamen, Beziehungen gehabt haben.

Ein ebenso geheimnisvolles Volk der Geschichte sind die Maya. Und als der Reporter E. E. Kisch die Anlagen der Mayakultur auf dem Monte Albán bewunderte, fragte er: »Gibt es einen Erdenfleck, der sich gleichzeitig in so absolutes Dunkel hüllt und uns ohne Antwort lässt auf alle Fragen? Überwiegt in uns das Entzücken oder die Verwirrung? Was sind die Gründe: Ist es der Raumkomplex, dessen Umrisse Ausblicke ins Unendliche sind? Oder sind es die Pyramiden, die aussehen wie Prunktreppen in die Innenräume des Himmels? Oder ist es der Tempelhof, der – kraft unseres Vorstellungsvermögens – erfüllt ist von vielen tausend Indios in ungestümen Gebeten? Oder ist es das Observatorium, dessen ins Mauerwerk eingeschlossener Auslug mit dem Meridiankreis den Winkel Azimuth bildet? Oder ist es der Blick auf ein Stadion, wie es Europa seit der römischen Antike bis zum 20. Jahrhundert nicht gebaut hat, 120 steinerne, schräg aufsteigende Reihen von Sitzen –?«

Die Maya konnten zwar keinen einfachen Pflug erfinden, und ihr Ackerbau war in seiner Primitivität nicht zu übertreffen; aber ihre unfassbare Hochkultur hat den besten Kalender der Welt hervorgebracht. Sie errichteten ihre Bauten nur dann, wenn der Kalender es befahl und nicht, wenn diese gebraucht wurden. Ihre gesamte Kultur und Wissenschaft wurden ihrem Kalender und den Sternen untergeordnet. Ihr astronomisches Wissen war unglaublich und ihre Architektur ein algebraisches Wunder...

Der Schliemann von Yucatán, der amerikanische Forscher H. E. Thompson, sprach einmal die Vermutung aus, dass die Schöpfer des Frühreiches der Maya Atlantiden waren.

Es gibt viele Gründe zur Annahme, dass alte Kulturen nicht nur über großartige Kenntnisse in der Wissenschaft, sondern auch in der Metaphysik verfügten, die im Lauf der Zeit entweder in Vergessenheit gerieten oder ganz verloren gingen. Der Gedanke, der Mensch habe sich langsam entwickelt und seine Kenntnisse Schritt für Schritt erworben, ist in keiner Weise mit den Funden und Überlieferungen alter Kulturen zu vereinbaren. Denn plötzlich und unerklärlich tauchten aus dem Blauen fertige, hoch entwickelte Kulturen unter barbarischen Stämmen auf, wie unmotivierte Monolithen in einer verödeten Steppe.

Erst heute beginnen wir wieder, vieles von diesem verlorenen Wissen zurückzuerobern. Wüssten wir, wie die Ägypter ihre Pyramiden erbauten, besäßen wir dann etwa wieder das Geheimnis der Levitation...?

Nach einer arabischen Überlieferung waren die Ägypter fähig, die Schwerkraft aufzuheben. Ihre Tempel und Pyramiden sollen sie auf folgende Weise errichtet haben: Formelbeschriebene Papyrusbogen (Isolationsmaterial?) wurden unter bis zu 600 t schwere Steinblöcke manipuliert. Durch die Berührung mit einem Stab (um ihre Polarisierung zu ändern?) erhoben sich die Blöcke vom Boden und legten jeweils eine Pfeilstrecke in der Luft zurück.

Und wüssten wir, wie die alten Inder ihre Raumschiffe (Vimaana) gebaut hatten – könnten wir dann eventuell auf unsere Raketen verzichten?

Die Vimaana waren aus 16 Leichtmetallen hergestellt und wurden unter anderem durch Quecksilber angetrieben. Geräuschlos bewegten sie sich von Ort zu Ort, von Gestirn zu Gestirn, und hatten Radar- und Fernsehanlagen, um damit Einblick in das Innere feindlicher Raumschiffe zu ermöglichen... So ist es einer alten Sanskritschrift über Aeronautik, die in der Universität von Mysore aufbewahrt wird, zu entnehmen.

Auch auf dem Gebiet der Parapsychologie kann man nur mutmaßen, wie viel Wissen im Verlauf der Zeit wieder im Unterbewusstsein der Menschheit versunken ist. In Yoga sind offenbar einige Fähigkeiten des menschlichen Geistes erhalten geblieben, die uns zeigen, dass wir von einer Kraft durchdrungen sind, die außerhalb der Gesetze von Raum, Zeit und Schulphysik steht.

Eine Kraft, die durch bloße Spannung Materie erzeugt – Leben aufbaut, an deren Quelle der wache Geist immer wieder Kraft schöpfen kann, um sich zu regenerieren. Eine Kraft, über die der große chinesische Philosoph Laotse (etwa 604 v. Chr.) sagt: »Einstmals, bevor Himmel und Erde sich formten, entstand ein tonloses, formloses, selbst-genügsames, unveränderliches Etwas aus dem Nichts. Es durchdringt alles und ist dennoch nie gefährdet; wirkt in allem und ist trotzdem unerschöpflich. Dieser aus dem Unergründlichen auftauchende Geist ist die Schöpfungskraft des Lebens. Namenlos ist sie der Anfang der Gestirne und der Erde; gibt man ihr einen Namen, so heißt sie die Mutter der Schöpfung. Diese Kraft beseitigt Unebenes, löst Verworrenes, gleicht Strahlung aus und reiht Partikel an Partikel. Unsichtbar, doch real, weiß ich nicht, woher sie kommt. Doch sie geht den Sternen voraus.«

Im Schein
der kosmischen Bühne

Irgendwo in einer gigantischen Raumzeitblase führt die Sonne, ein durchschnittlicher gelber Stern, als winziges Teilchen einer gigantischen Galaxie einige dunkle Begleiter mit sich: Planeten. Und auf deren drittem Trabanten, der Erde, versuchen lebende Winzlinge – forschende Menschen – Antworten auf fundamentale Fragen zu finden. Sie folgen damit dem uralten Drang, die Grenzen des menschlichen Wissens zu erweitern, den engen Horizont irdischer Erfahrungswelt zu sprengen. Sie versuchen Fragen nach der Größe, dem Alter und der Entstehung unseres Universums zu beantworten. Vor allem aber suchen sie eine Antwort auf die Frage nach seinem Schicksal und nach der Rolle des Menschen darin.

Nikolaus Kopernikus (1473–1543) hatte die Behauptung aufgestellt, dass es sich bei der Erde nicht um eine Scheibe im Mittelpunkt des Universums handelt, sondern nur um einen von mehreren Planeten, die um die Sonne kreisen. Das heliozentrische oder kopernikanische Weltsystem blieb zu seinen Lebzeiten aber umstritten.

Mit der Einführung des Fernrohrs eröffneten sich für die Astronomie im wahrsten Sinne des Wortes völlig neue Perspektiven. Als der holländische Brillenmacher Hans Lippershey 1608 rein zufällig auf eine bestimmte Anordnung von Linsen stieß, die buchstäblich eine »Überwindung« von Entfernung ermöglichte, konnte niemand das Ausmaß und die Tragweite dieser Entdeckung auch nur erahnen.

1609 erreichte Galileo Galilei (1564–1642) die Kunde von dieser Entdeckung in Venedig. Ohne weitere Vorkenntnisse baute er daraufhin eine »mit Gläsern ausgestattete optische Röhre«, die so gut funktionierte, dass er damit schon Ende 1610 neben den Mondgebirgen die Jupiter-Monde und die Natur der Milchstraße entdeckte.

Das kopernikanische System ließ sich mit diesen Entdeckungen brillant veranschaulichen, aber nicht beweisen. Doch der von dem neuen Weltbild völlig überzeugte Galilei stellte es in seinen berühmten »Dialogen« literarisch so geschickt dar, dass es vielseitige Beachtung fand.

1611 folgte mittels der optischen Röhre die Identifizierung der Venus-Phasen, der Sonnenflecken und jenes »seltsamen Anhängsels« des Saturn – gemeint sind die Saturn-Ringe. Die teleskopische Erforschung des Himmels, und damit die moderne Astronomie, hatte begonnen.

Grundlage der Hypothesen Galileis war die Anerkennung der Bewegungsgesetze und die einer Kraft als Bewegungsursache.

Das ungelöste Rätsel des Himmelsfirmaments und sein »Dahinter« verlor seinen metaphysischen Schleier und bot sich der Vernunft nunmehr als wissenschaftlich untersuchbares Phänomen dar. Von nun an konnten die Planeten als gewöhnliche Projektile angesehen werden und ermöglichten so klare Überlegungen über die Natur ihrer Bahnen.

Sein Einsatz für das kopernikanische Weltbild kam Galilei allerdings teuer zu stehen. In jahrelangen Kämpfen mit der katholischen Kirche hatte er beim jeweiligen Papst immer wieder vergeblich um Anerkennung seiner Thesen und damit des kopernikanischen Weltbildes nachgesucht. Die Kirche befürchtete die Einschränkung ihres immensen Einflusses zugunsten einer ihr nicht unterstellten jungen Wissenschaft. Am Ende wurde Galilei dem Inquisitionsgericht wegen Ketzerei überstellt. Zermürbt unterwarf sich Galilei schließlich dem kirchlichen Zwang und schwor seiner angeblichen »Irr-lehre« ab.

Auch dem italienischen Philosophen und einstigen Domi-nikanermönch Giordano Bruno (1548–1600) wurde die koper-nikanische Lehre zum Verhängnis. Er hatte die Überzeugung verbreitet, dass neben der irdischen auch noch andere Wel-ten existieren müssten. Dafür wurde er ohne Urteil sieben Jahre eingekerkert und schließlich durch Urteile des Inqui-sitionsgerichts am 17. Februar 1600 in Rom als Ketzer auf dem Scheiterhaufen verbrannt. Erst eine Generation später erfuhr das kopernikanische Weltbild durch Johannes Kepler (1571–1630) die entscheidende Vervollkommnung. Als kaiser-licher Hofastronom Rudolfs II. und Nachfolger des Dänen Tycho Brahe wertete Kepler dessen hinterlassene Aufzeich-nungen aus und kam nach Analyse der Richtung der Mars-Ortsbestimmungen zum Schluss, dass die Marsbahn ellip-tisch verläuft. Er tilgte die Überbleibsel des »Ptolemäischen Plunders« im kopernikanischen System und erstellte einen harmonischen Plan, nach dem unser Sonnensystem geord-net ist.

Kepler kam zu der Erkenntnis, dass die Planetenbewegun-gen bestimmten Gesetzmäßigkeiten unterworfen sind und sich nicht in Kreisbahnen, sondern in elliptischen Bahnen um die Sonne bewegen, genau wie der Mond um die Erde.

Zudem suchte Kepler für den Lauf der Planeten um die Sonne eine mechanische Erklärung. Als Ursache vermutete er eine gegenseitige Anziehung schwerer Körper, den Ein-fluss einer zentralen Kraft magnetischer Natur. Keplers Be-streben galt einer physikalischen Astronomie. Aber das volle Ausmaß der Bedeutung dieser Gesetze, die er nach einem mit Versuchen und Fehlschlägen angefüllten Leben schließ-lich entdeckt hatte, blieb ihm verborgen.

Das Problem, warum sich die Planeten ausgerechnet in elliptischen Bahnen um die Sonne bewegen, wurde erst 80 Jahre später durch den Sohn eines englischen Landwirts, Isaac Newton (1643–1727), gelöst. Er wandte die Keplerschen Gesetze streng mathematisch an und bewies so, dass sich die Bahn eines Planeten um die Sonne auch dann errechnen lässt, wenn sie nur teilweise zu beobachten ist. Newton begann bereits in den Pestjahren 1665/66 mit der grundlegenden Forschung für sein späteres Werk *Philosophiae naturalis principia mathematica* (*Mathematische Prinzipien der Naturlehre*), das eine neue Ära wissenschaftlichen Denkens einleitete.

Der Überlieferung nach soll Newton einmal während der Arbeit unter einem Apfelbaum ein Apfel auf den Kopf gefallen sein. Dieser Zwischenfall soll ihn auf die Idee gebracht haben, dass Schwerkraft eine Universalkraft sein muss.

Gelehrte, die von den unerklärlichen Eigenschaften der Schwerkraft schon immer fasziniert waren, wunderten sich, warum Gegenstände zur Erde fallen, wie die Erde etwas »an sich heranziehen« konnte, ohne sozusagen danach zu »greifen«. Die Luft konnte dafür nicht verantwortlich sein, da Objekte auch im Vakuum erdwärts »gezogen« wurden. Genauso unerklärlich war die Tatsache, dass die Planeten anscheinend durch die Kraft der Sonne in einer ständigen Umlaufbahn gehalten wurden.

Newton leitete schließlich die für ihn den Tatsachen am meisten entsprechende Formel ab, dass alle Objekte im Universum einander mit einer Kraft anziehen, die direkt proportional zum Produkt ihrer Masse und umgekehrt proportional zum Quadrat ihres Abstandes ist. Damit kam er zur Schlussfolgerung, dass der Mond von der Erde und die Planeten von

der Sonne durch ein und dieselbe Kraft angezogen werden –
durch die Schwerkraft.

Damit stellte Newton die erste mathematische Theorie
einer Naturkraft auf. Wenn damals auch niemand die Beschaffenheit der Schwerkraft bzw. Anziehungskraft begriff, wurde
dennoch das bis dahin gültige Konzept abgelöst, dass nur
durch direkten Kontakt, also durch einen »Anstoß«, Kraft auf
ein Objekt übertragen und Bewegung damit ausgelöst wird.
Stellen wir uns zum besseren Verständnis einen Tennisball vor,
der durch die Berührung mit dem Schläger beschleunigt wird.

Wo aber, so fragten sich die Gelehrten vor Newton, fand
ein Berührungskontakt, ein Anstoß, zwischen Sonne, Erde
und Mond statt? Und wie konnte der Mond ohne direkten
Kontakt mit der Erde messbare Naturphänomene wie Ebbe
und Flut auslösen?

Mit seinem revolutionierenden Gravitationsgesetz führte
Newton den Begriff »Aktion auf Distanz« ein, also einer Fern-
wirkung. Die Entdeckung der universellen Gravitation wurde
zu einem Grundpfeiler, ja zum Paradigma der modernen Wissenschaft.

Unter Berücksichtigung der Schwerkraftauswirkungen
wandte Newton seine Bewegungsgesetze nun auf die Um-
laufbahnen der Planeten an und fand seine Schlussfolgerung
bestätigt. Er erkannte, dass sich die Auswirkung der Schwerkraft bei zunehmendem Abstand zwischen den Himmelskör-
pern, wie überhaupt bei allen materiellen Objekten, verrin-
gern musste.

Newton erklärte als Erster, dass sich das Phänomen der
physikalischen Welt durch genaue Berechnungen erfassen
lässt. Wenn der Beginn eines Systems erst einmal bekannt
war, ließ sich sein zukünftiges Verhalten aufgrund der Dynamik ermitteln. Abgesehen von bestimmten Einschränkungen

in der späteren Quantentheorie wurde diese Feststellung auch generell bestätigt.

Schon am Anfang seines 1678 veröffentlichten Werkes befasste sich Newton mit zwei grundlegenden Begriffen: Raum und Zeit. Darauf baute er nicht nur sein Werk auf, sondern legte damit auch den Grundstein für die wissenschaftlichen Erkenntnisse der nächsten 200 Jahre.

Raum und Zeit waren für Newton zwei eigenständige Gefüge. Absoluter Raum, der unabhängig von Materie stets gleich bleibt; absolute Zeit, die unabhängig von Materie stets gleichmäßig verläuft.

Newtons *Mathematische Prinzipien der Naturlehre* waren ein Markstein beispiellosen Fortschritts in der Wissenschaft, der sich vor allem in einer Vereinheitlichung darstellte. Eine Wissenschaft der Himmelsphysik mit scheinbar unbegrenzter Expansionsfähigkeit begründete sich auf der Basis irdischer Erfahrungen.

Newton sagte einmal über sich und seine Arbeit: »Mir kam es so vor, als hätte ich wie ein Knabe einfach nur am Strand gespielt und zum Zeitvertreib immer wieder nach glatteren Kieselsteinen und schöneren Muscheln gesucht. Dabei lag der große Ozean der Wahrheit noch völlig unentdeckt vor meinen Augen.«

Wahrscheinlich wurde auch der bedeutende französische Physiker, Astronom und Mathematiker Pierre Simon Marquis de Laplace (1749–1827) durch die Newtonschen Vorstellungen zu nachfolgenden begeisterten Äußerungen veranlasst: »... Entdeckungen in der Mechanik und Geometrie, gepaart mit solchen in der universellen Gravitation, brachten den menschlichen Geist in Reichweite des Begreifens der gleichen, allumfassenden Formel für das vergangene und zukünftige Stadium des Weltsystems.«

Die Tatsache, dass bereits Laplace die Existenz »Schwarzer Sterne« vermutete, Sterne von so enormer Größe also, dass sie durch ihre unvorstellbare Schwerkraft kein Licht mehr entweichen lassen, ist von ganz besonderer Bedeutung.

Im 17. Jahrhundert betrachtete Galilei den Nachthimmel über Padua immer wieder durch sein kleines selbstgebautes Teleskop. Das brachte ihn schließlich zur Überzeugung, dass unsere Milchstraße aus Millionen Sternen besteht. Heute wissen wir, dass es rund 150 Milliarden sind. Das führte erstmals zur Vermutung, dass unsere Milchstraße enorm groß und von abgeflachter Form sein musste.

Unsere Milchstraße, die Galaxis, ist eines unter vielen Milliarden Sternensystemen, die nach heutiger Erkenntnis den Kosmos erfüllen. Jede Galaxie besteht, je nach Größe, aus vielen Millionen bis mehreren Milliarden Fixsternen. Die meisten Galaxien sind mehrere Millionen Lichtjahre von der Milchstraße entfernt.

Galilei entdeckte darüber hinaus eine Anzahl schimmernder Lichtflecke unterschiedlicher Gestalt und Größe, »Nebel«, die er nicht erklären konnte. Eine ganze Reihe anderer »Nebel« entdeckte der englische Astronom Sir William Herschel (1738–1822). Der deutsche Musiker war 1757 nach England ausgewandert. Von der Musiktheorie zur Mathematik und Optik geführt, begann er bereits 1773 damit, Teleskopspiegel zu schleifen. Er hatte damit so großen Erfolg, dass im Lauf der Zeit nicht weniger als 400 Stück seine Werkstatt verließen.

Für die Astronomie waren Herschels Beobachtungen von Doppelsternen, Sternhaufen und »Nebeln« von unschätzbarem Wert. Als er 1781 den Planeten Uranus entdeckte, sagte er: »Ich habe tiefer in den Weltraum geschaut als je ein Mensch zuvor.«

Doppelsterne sind durch starke Anziehungskraft aneinander gekettete und einander ständig umkreisende Fixsterne. Oft stehen diese Fixsterne so dicht beisammen, dass nur einer ausgemacht werden kann und die Doppelsterneigenschaft erst durch die Spektralanalyse nachzuweisen ist.

Im Laufe des 19. Jahrhunderts herrschte allgemein die Annahme, dass es sich bei den so genannten »Nebeln« um Gas oder Staub innerhalb der Milchstraße handelt. Der deutsche Philosoph Immanuel Kant (1724–1804) hat jedoch erkannt, dass diese feinen »Nebel« Sternensysteme sein mussten. Einstein äußerte einmal, dass Kant der einzige Philosoph sei, der einem Naturwissenschaftler etwas zu sagen habe.

Der englische Autodidakt Thomas Wright hatte die Behauptung aufgestellt, dass die Milchstraße entweder kugelförmig oder flach wie ein Mühlstein sei und sich aus Sternen zusammensetze, es könne sich aber auch ganz einfach um eine Illusion handeln. Die Widersprüchlichkeit seiner Modelle schien Wright dabei nicht im Geringsten zu stören.

Kant war nun ein so vereinfachender Artikel über Wright in die Hände gefallen, aus dem der Vernunftkritiker entnehmen musste, dass Wright die Milchstraße als flache, aus Sternen bestehende »Scheibe« ansah – eine Idee, die Kant akzeptierte.

Im Jahr 1755 veröffentlichte er nach vierjährigen Untersuchungen seine *Allgemeine Naturgeschichte und Theorie des Himmels*. In dieser Arbeit postulierte Kant, dass einige der deutlich mit Sternen in Verbindung stehenden »Nebel« in der Milchstraße platziert seien, dagegen aber andere, spiralförmige oder ovale »Nebel« weit entfernte, selbstständige Galaxien darstellten.

Damit war Kant nicht nur auf der richtigen Spur über die wahre Natur der Spiralnebel, sondern er deutete auch als Erster den Andromeda-Nebel als eine Art Milchstraßensystem. Aber in astronomischen Kreisen stießen seine Theorien kaum auf Interesse, wohl nicht zuletzt, weil es keine Möglichkeit einer praktischen Überprüfung gab.

Isaac Newton veranschaulichte 1666 als Erster, wie Licht in seine Spektralfarben, die Regenbogenfarben, zerlegt werden kann. Mit Hilfe eines dreieckigen, pyramidenartigen Glasstücks, eines Prismas, fing er durch einen Spalt im geschlossenen Fensterladen einen Sonnenstrahl ein, dessen Weg durch das Prisma gebrochen und auf der dem Fenster gegenüberliegenden Wand als Farbstreifen in allen Regenbogenfarben erschien. Dieses Farbband nannte Newton Spektrum.

Sonnenlicht ist also in Wahrheit nicht weiß, sondern nur das Mengenverhältnis der Mischung aller Farben, die von unserem Auge als weiß gesehen wird. Das Prisma bricht einen Lichtstrahl also in verschiedenen Winkeln, von denen jeder einzelne eine bestimmte Farbe wiedergibt.

Um 1800 beschäftigte sich auch Herschel mit dem Sonnenspektrum, für dessen Wärmeausstrahlung er sich interessierte. Er nahm Messungen der Wärmeeinwirkung der verschiedenen Teile des Spektrums vor und erhielt auf diese Weise Ergebnisse der Lichtenergieverteilung über das gesamte Spektrum.

Zu seiner Verwunderung stellte er fest, dass jenseits vom roten Ende des Spektrums der höchste Temperaturanstieg zu vermessen war. Herschel vermutete, dass das Sonnenlicht Wellen außerordentlicher Länge aussendet, die für das menschliche Auge unsichtbar bleiben. Da ihr Brechungswinkel noch geringer als der von Rotlicht war, mussten sie sich unterhalb des roten Endes des Spektrums befinden. Herschel nannte diese Wellen Infrarotstrahlen (infra = unterhalb).

Der deutsche Physiker Johann Wilhelm Ritter (1776–1810) bewies anhand chemischer Versuche, dass sich das Spektrum auch jenseits des violetten Endes fortsetzt: Licht baut Silberchlorid ab und gibt dabei metallisches Silber frei. Normalerweise wird Silberchlorid durch Licht schwarz. Ritter fand heraus, dass verschiedene Abschnitte des Sonnenspektrums unterschiedlich abbauende Wirkungen erzeugen. Je kürzer die Wellenlänge, umso schneller schreitet die Schwarzverfärbung des Silberchlorids fort. Außerhalb des sichtbaren Spektrums, also jenseits des violetten Endes des Spektrums, ist das Tempo der Schwarzverfärbung jedoch am größten.

Damit war der Beweis erbracht, dass es im Sonnenlicht Wellenlängen gibt, die vom Auge wegen ihrer Kürze nicht wahrgenommen werden. Dieses Licht wird ultraviolette Strahlung genannt (ultra = jenseits).

Demzufolge verfügen unsere Sonne und die Sterne nicht nur über sichtbare Farben ihrer Spektren, sondern auch über »unsichtbares Licht«.

Der englische Naturforscher William Hyde Wollaston (1766–1828) veranschaulichte im Jahr 1802, dass im Prisma gespaltenes Licht ein Spektrum mit schwarzen Linien aufweist. Dieser Hinweis wurde von dem bayerischen Optiker und Physiker Joseph Fraunhofer (1787–1826) aufgenommen. Mit Hilfe eines selbstgebauten Spektroskops und auf Glas geritzten Beugungsgittern gelang es ihm, beinah 600 dieser schwarzen Linien im Sonnenspektrum auszumachen und die Wellenlängen dieser nach ihm benannten Fraunhofer Linien genau zu vermessen. Der bekannte deutsche Physiker Gustav

Robert Kirchhoff (1824–1887) kennzeichnete diese Linien als Absorptions-Spektren.

Negative Spektren wie die Fraunhofer Linien, auch Absorptions-Spektren genannt, entstehen, weil jeder Stoff genau den Frequenzbereich einer Strahlung verschluckt bzw. absorbiert, den er selbst ausstrahlt.

Indessen suchte der in die Fußstapfen seines berühmten Vaters getretene Sir John Herschel (1792–1871) den Himmel weiterhin nach Doppelsternen und »Nebeln« ab. Zudem war er mittels der Spektralanalyse darauf gekommen, dass mit der Glut jedes erhitzten Elements ein ureigenes Spektrum verbunden ist.

Zur Untersuchung von Spektren dient das *Spektroskop*. Bei diesem Instrument fällt Licht aus einer Lichtquelle durch einen Spalt in eine Sammellinse und von dieser auf ein Prisma, das im Abstand der Brennweite hinter der Linse angeordnet ist. Das Prisma löst die einfallenden Lichtstrahlen in ihre Einzelfarben auf, und das auf diese Weise erzeugte Spektrum wird von einer zweiten Linse auf einem transparenten Schirm abgebildet.

Einer der wohl bedeutendsten Naturforscher des 19. Jahrhunderts, der in Göttingen geborene Chemiker Robert Wilhelm Bunsen (1811–1899), verglich 1859 in Gemeinschaftsarbeit mit Gustav Kirchhoff Laborspektren mit einem Sonnenspektrum. Dabei entdeckten die beiden Wissenschaftler Linien, die auf Eisen, Kalzium, Magnesium, Natrium, Nickel und Wasserstoff in der Sonne hinwiesen. Mit Hilfe des Spektroskops ließ sich nun die so lange offene Frage, woraus Sterne bestehen, beantworten.

Als wohlhabender Mann, der sich ein eigenes Observatorium auf dem Dach seines Londoner Hauses leisten konnte, war der englische Astronom Sir William Huggins (1824–1910) einer der Begründer der Sternspektroskopie. Von Hause aus Chemiker, koppelte er sein Teleskop mit einem Spektroskop, umso den Sternen »zu Leibe zu rücken«.

Jeder ferne Stern enthüllte Huggins durch sein Spektroskop die chemischen Elemente, aus denen er bestand, und fast jede Nacht kam er zu einer neuen Entdeckung.

Mit Hilfe des Sternenspektroskops lässt sich das von einem Stern einfallende Licht in sein Spektrum zerlegen. Auf diese Weise sind Rückschlüsse auf die chemische Zusammensetzung des betreffenden Himmelskörpers möglich.

Der Sterne »überdrüssig«, wandte Huggins sein Augenmerk 1864 schließlich den »Nebeln« zu. Erst durch seine Ergebnisse wurde Kants Hypothese endlich bestätigt: Nach Huggins' Analysen gab es nämlich zwei verschiedenartige Spektren von »Nebeln«, und zwar solche, die offensichtlich von Gasnebeln stammten, und andere, deren Spektren dem unserer Sonne glichen, die sich also aus Sternen zusammensetzen mussten. Die von Huggins untersuchten Spiralnebel hatten alle sonnenähnliche Spektren.

Was die Spiralnebel anging, setzten sich zwei Theorien durch: Kant und andere hielten unbeirrt daran fest, dass es sich dabei um selbstständige Galaxien außerhalb der Milchstraße handelt. Die überwiegende Mehrheit der Fachleute dagegen betrachtete diese Spiralnebel als relativ nahe gelegene, gerade in der Formierung zu Sternen begriffene Gasstrudel.

Da sich die Forscher über das Konzept eines neuen Weltbildes nicht einigen konnten, beschieden sie sich vorerst mit der Sammlung weiterer Fakten.

Niemand wusste, welche Position unsere Sonne mit ihren neuen Planeten im Kosmos einnimmt. Hatte sie unter den unzähligen Sternen im Universum einen bevorzugten Platz, befand sie sich etwa gar im Zentrum?

Verkehrslichter im All

Die endgültige Beantwortung dieser Frage blieb dem amerikanischen Astronomen Harlow Shapley (1885–1972) vorbehalten. In Missouri geboren, wollte er an der dortigen Universität 1908 Journalistik belegen. Da diese Fakultät aber erst ein Jahr später eröffnet werden sollte, schrieb er sich für das erste Fach auf der Immatrikulationsliste ein. Das war Astronomie.

Vier Jahre später erhielt er ein Stipendium für Princeton. Der Direktor des dortigen Observatoriums, Henry Norris Russell (1877–1957), setzte sich damals gerade mit dem Beobachtungsproblem von Doppelsternen auseinander, das teleskopisch nicht gelöst werden konnte, weil sie zu weit entfernt waren.

Zu allem Übel ließ sich ihre Existenz bei der Bedeckung des einen Sterns durch den anderen während ihres Orbits, ihrer Umlaufbahn also, nur aufgrund ihrer veränderten Lichtabgabe feststellen. Und von diesem Lichtschimmer musste auf die Lebensgeschichte des Gestirns, sein Aussehen, seine Zusammensetzung und sein Verhalten geschlossen werden. Das war keine geringe Herausforderung für Shapley. Mittels Teleskop, Spektroskop und Fotometer machte er sich umgehend an die Arbeit. Aus seinen Beobachtungen erarbeitete er sorgfältige Schlussfolgerungen, von denen er schon bald Bilder von Doppelstern-Systemen ableiten und eine Reihe von Fragen beantworten konnte – beispielsweise die Entfernung der Sterne voneinander, die Schnelligkeit ihrer gegenseitigen Umlaufgeschwindigkeit und nicht zuletzt, wie weit Doppelsterne von der Erde entfernt sind.

Shapley, der in Anerkennung seiner Leistungen 1914 eine Anstellung am kalifornischen Mount-Wilson-Observatorium erhielt, untersuchte von nun an Cepheiden mit dem 1,50-m-Teleskop; das große 2,50-m-Teleskop war noch nicht fertig.

Cepheiden verkörpern eine Gruppe von Sternen, deren Leuchtkraft sich in regelmäßigen Abständen verändert. Sie gelten als die »Meilensteine des Universums«. Je länger die Intervalle zwischen den Helligkeitsschwankungen, desto größer ist allgemein die »absolute Helligkeit« der Cepheiden. Die Entfernung des Himmelskörpers lässt sich somit aus dem Vergleich zwischen der »scheinbaren« und der »absoluten Helligkeit« bestimmen.

Shapley begann mit seiner Suche nach Cepheiden in Kugelsternhaufen. Er bestimmte ihre scheinbare Helligkeit und die Zeitdauer ihrer jeweiligen Veränderung. Nach einem Vergleich seiner Ergebnisse mit Informationen von Russell und Einar Hertzsprung (1872–1967) über die absolute Helligkeit von Cepheiden schätzte er schließlich die Entfernungen verschiedener Kugelsternhaufen.

In unserer Milchstraße gibt es eine ansehnliche Zahl von Kugelsternhaufen, die von der Erde aus sichtbar sind. In einem Dutzend der näher gelegenen gelang es Shapley, einige Cepheiden, also in ihrer Lichtintensität veränderliche Sterne, zu lokalisieren.

Eine von ihm entwickelte neue Methode ermöglichte es Shapley schließlich, tiefer in den Weltraum vorzustoßen. Mit dieser Technik legte er den Grundstein für einige der wichtigsten Arbeiten in der Astronomie des 20. Jahrhunderts. In jedem der näher gelegenen Kugelsternhaufen sonderte er die Sterne mit der größten Leuchtkraft aus und verglich deren scheinbare Helligkeit systematisch mit der von Cepheiden. Auf diese Weise gelang es ihm, mit der Zeit die absolute Helligkeit von Riesensternen zu ermitteln. Anstatt der relativ matt leuchtenden Cepheiden benutzte er nunmehr diese Riesen als seine »Leuchtfeuer«, um dort weiter entfernte Kugelsternhaufen zu ermitteln, wo Cepheiden nicht mehr identifizierbar waren.

Shapley hat die Welt der Kugelsternhaufen in einer dreidimensionalen Himmelskarte festgehalten. Hier wird ihre Anordnung in einer Art Superkugelhaufen offenbar, dessen Mittelpunkt nicht etwa in Sonnennähe zu finden ist, sondern Zehntausende von Lichtjahren entfernt in Richtung des Sternbildes Sagittarius (Schütze). Shapley schloss daraus auf einen gemeinsamen Mittelpunkt der Welt von Kugelsternhaufen und unserer Milchstraße. Er erkannte auch, dass die Sonne mit ihren Planeten im Universum keinen bevorzugten Platz einnimmt, sondern in einem »Vorort« der Milchstraße liegt.

So sehr Shapley in dieser Hinsicht Recht behielt, so sehr irrte er sich in Bezug auf die Größe der Milchstraße, deren Durchmesser er auf rund 250 000 Lichtjahre schätzte, und unser Sonnensystem, das er 50 000 Lichtjahre entfernt vom Zentrum vermutete. Heute wissen wir, dass der Durchmesser des Milchstraßensystems etwa 100 000 Lichtjahre beträgt und unser Sonnensystem etwa 30 000 Lichtjahre von seinem Zentrum entfernt ist.

Die von Shapley vermutete Größe der Milchstraße führte schon bald zu Kollegenquerelen. Ein gewisser Heber Curtis ereiferte sich besonders über Shapleys Behauptungen. Curtis gehörte dem Lick-Observatorium an, während Shapley am Mount-Wilson-Observatorium arbeitete. Aus den anfänglich leichten Gefechten zwischen Curtis und Shapley entstand schließlich ein langjähriger regelrechter Krieg zwischen den beiden Observatorien. Curtis spottete über das von Shapley postulierte Modell der Milchstraße mit seiner enormen

Größe. Und Spiralnebel waren seiner Meinung nach der Milchstraße ähnliche, selbstständige Sternensysteme (womit er ja auch Recht hatte).

Um die leidige Affäre aus der Welt zu schaffen, arrangierte die National Academy of Sciences in Washington eine öffentliche Diskussion der beiden Streithähne. Auch Albert Einstein wohnte der am 26. April 1920 stattfindenden Debatte bei.

Curtis wiederholte seine Behauptung, Spiralnebel befänden sich innerhalb unseres Milchstraßensystems. Shapleys Gegenargument ließ nicht lange auf sich warten. Durch die Supernovae von 1885 im Andromedanebel sei bewiesen, dass dieser Spiralnebel kein eigenständiges Sternensystem sein könne. Denn das würde ja die Leuchtkraft eines einzigen explodierenden Sternes mit der von Hunderten von Millionen gewöhnlicher Sterne gleichsetzen.

Ein für ihn, Shapley, abwegiger Gedanke. Heute wissen wir, dass die Leuchtkraft einer Supernova tatsächlich so gewaltig sein kann.

Wenn die Energiequellen eines großen Fixsternes erschöpft sind, bricht er schließlich in sich zusammen. Bei diesem Kollaps werden mit einem Schlag unvorstellbare Energiemengen explosionsartig freigesetzt, der sterbende Stern erstrahlt noch einmal für begrenzte Zeit in einem Licht, das ein Vielfaches seiner normalen Leuchtkraft ausmacht, ehe er für immer erlischt. Bei *Supernova*-Explosionen bildet sich eine Reihe von Elementen, die für die Entstehung von Leben unerlässlich sind. Es ist daher wahrscheinlich, dass das irdische Leben einer vor Jahrmilliarden explodierten Supernova zu verdanken ist.

Wenn wir in dieser Auseinandersetzung nachträglich Schiedsrichter spielen wollten, müsste vermerkt werden, dass Shapley zwar die Größe der Milchstraße überschätzte, dagegen aber die Position unseres Sonnensystems richtig beurteilte. Curtis irrte sich bei seiner Größenvorstellung unseres Sternensystems gegenüber Shapley aber noch mehr, denn sein Modell war viel zu klein. Nur in einem Punkt stimmten die Astronomen überein, nämlich darin, dass die Absorption von Sternenlicht durch interstellaren Staub und Gas kaum von Bedeutung sei. Und hier irrten beide.

Der wirkliche Durchbruch auf Mount Wilson gelang Edwin Powell Hubble (1889–1953), sehr zum Leidwesen von Shapley, der den seiner Meinung nach arroganten und anmaßenden Hubble nicht ausstehen konnte.

Nach seinem Studium der Astronomie an der Chicago University vollendete Hubble seine Doktorarbeit in Yerkes, dem der Chicago University angeschlossenen Observatorium. Nach dem Ersten Weltkrieg wurde Hubble 1919 an das Mount-Wilson-Observatorium berufen. Als Erstes befasste er sich mit den von ihm im Milchstraßensystem vermuteten »Nebeln«. Einige, darunter die Plejaden (Siebengestirn) und die im Orion, waren ihm durch die Lektüre von Jules Verne schon von Jugend an vertraut.

Die Auswertung der nahe gelegenen beziehungsweise »galaktischen Nebel« und ihre Aufteilung in Gruppen dauerte fünf Jahre. Die beiden größten von der Erde aus sichtbaren Spiralnebel – M 33 im Triangulum (Sternbild des Dreiecks) und Andromeda – erforschte Hubble in Hunderten von Beobachtungen.

M 31 wird durch ein Teleskop als beinah flacher Spiralnebel gesehen. In klaren Nächten fotografierte ihn Hubble durch das 2,50 m-Teleskop immer wieder und nahm dabei eine neue, lichtempfindlichere Foto-Emulsion zu Hilfe.

Schließlich gelang ihm eine einwandfreie Auflösung des »Nebels« in Sterne, darunter die Identifizierung von 35 Cepheiden. Die mit ihrer Hilfe geschätzte Entfernung von M 31 bewies eindeutig, dass es sich um ein selbstständiges Sternensystem außerhalb der Milchstraße handelt.

Hubbles Arbeit über den Andromedanebel bedeutete für die Astronomie einen gewaltigen Schritt nach vorn.

Freilich hatten andere Astronomen vor ihm schon Dutzende von Aufnahmen dieses großartigen Spiralnebels untersucht und dabei immerhin zwei Novae lokalisiert. Hubble nahm sich nun rund 350 weitere Fotografien vor, von denen nicht weniger als 200 von ihm selbst stammten. Seine Ausbeute schlug sich in immerhin 63 Novae nieder, die ihn zu der Überzeugung brachten, dass der Andromedanebel überaus dicht mit Sternen besiedelt ist, von denen jährlich etwa dreißig explodieren. Er vermutete zu Recht, dass sie weit größer und massereicher seien, als zuvor angenommen wurde.

Hubbles Veröffentlichungen verdeutlichten erstmals die Zusammensetzung des Universums aus Galaxien. Auf diese Entdeckung folgte unmittelbar die nächste: die Expansion des Universums. Gleichzeitig mit der Bestimmung der ungefähren Entfernung, Größe und Helligkeit einer Reihe von Galaxien hatte Hubble nämlich deren relative Bewegungsgeschwindigkeit zur Erde vermessen. Eigentlich hatte ihn nur interessiert, wie schnell sich unsere Sonne innerhalb der rotierenden Milchstraße bewegt.

Nach Hubbles Überlegung musste sich die Bewegungsgeschwindigkeit der Sonne feststellen lassen, wenn er andere Sternensysteme als Referenzrahmen benutzte, unabhängig davon, ob sie bewegungslos sind oder ziellos im Raum schweben. Hubbles Überraschung war groß, als er entdeckte, dass anscheinend nur einige nahe gelegene Galaxien ohne bestimmte Richtung im All schwebten, während alle anderen von uns zu fliehen schienen. Sie entwichen sehr schnell und erhöhten ihre Fluchtgeschwindigkeit mit zunehmender Entfernung.

Hubble fand für diese Tatsache nur zwei Erklärungen: Entweder befand sich die Position der Milchstraße im Zentrum des Universums und alle anderen Sternensysteme entfernten sich aus unbekannten Gründen mit zunehmender Beschleunigung von ihr – oder aber das Universum expandiert.

Zur Feststellung der Bewegung der Galaxien und zur Messung ihrer Fluchtgeschwindigkeit bediente sich Hubble der »Rotverschiebung«. Nach Hubble entspricht die Verschiebung des Lichts zum roten Ende des Spektrums den längeren Wellen der Geschwindigkeit, mit der sich die Galaxien von unserem Sonnensystem entfernen.

Fährt ein Krankenwagen mit Sirene auf uns zu, klingt sein langanhaltender Ton höher als unter normalen Umständen, wird aber tiefer, wenn er sich wieder von uns entfernt. Verantwortlich dafür sind die Schallschwingungen, die im Näherkommen enger zusammengedrängt werden, sich aber mit der Entfernung ausdehnen. Ebenso verhält es sich bei elektromagnetischen Schwingungen wie den Lichtwellen. Dieser so genannte *Doppler-Effekt*, nach seinem Entdecker, dem österreichischen Mathematiker und Physiker Johann Christian Doppler (1803–1853) benannt, sorgt dafür, dass sich das Lichtspektrum bei Entfernung nach Rot als der Farbe mit der niedrigsten Wellenfrequenz verschiebt. Deshalb bezeichnet man diese Erscheinung als Rotverschiebung.

Das als Doppler-Effekt gedeutete Prinzip der Rotverschiebung ist Stützpfeiler der modernen Kosmologie. Aber gerade die Rotverschiebung muss nicht zwingend durch den Doppler-Effekt ausgelöst werden, sondern kann zum Beispiel auch durch starke Gravitationsfelder verursacht werden. Das wäre dann eine Gravitations-Rotverschiebung. In diesem Fall registriert der beobachtende Astrophysiker den Energieverlust des Lichts beim Verlassen eines starken Schwerefeldes.

Hubble fand heraus, dass es eine einfache Beziehung zwischen der Rotverschiebung und den Entfernungen der beobachteten Galaxien gibt – die nach ihm benannte Hubble-Konstante, mit der sich Alter und Größe des Universums bestimmen lassen. Die Angaben der Hubble-Konstante schwanken allerdings zwischen 50 bis 100 km/Sec und Megaparsec (parsec = 3,0857 × 1013 km = 3,2616 Lichtjahre; 1 Lichtjahr = 9,5 Billionen km). Diese Ungenauigkeit der Hubble-Konstante spiegelt sich in der unterschiedlichen Altersbestimmung des Universums wieder, die heute bei Astronomen zwischen 15 und 20 Milliarden Jahren schwankt.

Wenn wir die Rotverschiebung als Doppler-Effekt auslegen, wäre das gleichbedeutend mit einer Expansion des Universums.

Verschiedene Astronomen sind aber dagegen, die Rotverschiebung der Galaxien mittels Doppler-Effekt als Nachweis für eine Expansion des Universums zu akzeptieren, da ihnen eine solche Schlussfolgerung zu riskant erscheint.

So hat zum Beispiel der Astronom Walton Arp unerklärliche Entdeckungen gemacht, wonach stofflich scheinbar miteinander verbundene Systeme, zum Beispiel ein Galaxienpaar, sehr unterschiedliche Rotverschiebungen zeigen. Sollte die Rotverschiebung tatsächlich auf die Expansion des Universums zurückgehen, muss durch große diesbezügliche Unterschiede auch auf große Entfernungsunterschiede geschlossen werden. Es ist jedoch kaum zu erwarten, dass zwei stofflich miteinander verbundene Galaxien bis zu einer Milliarde Lichtjahre voneinander getrennt sind.

Um 1930 entdeckte Hubble in einer populärwissenschaftlichen Zeitschrift einen 1927 veröffentlichten Artikel über das Modell eines expandierenden Universums, vorgestellt von dem belgischen Kosmologen Abbé Georges Lemaître (1894–1966). Hubble fand so die eigenen Beobachtungen bestätigt, vermied es aber jahrelang zuzugeben, dass seine Beobachtungen auf ein expandierendes Universum schließen ließen. Er zeigte sich der Öffentlichkeit wie immer verschlossen und räumte erst 1937 bissig ein: »Kann schon sein, dass Sternensysteme auf so sonderbare Weise entfliehen. Immerhin eine ziemlich überraschende Vorstellung.«

Als Astronomen in den fünfziger Jahren kompakte Radioquellen im Universum entdeckten, zeigte sich, dass sie sich stark von bereits bekannten unterschieden. Die von ihnen emittierten Radiostrahlen hatten ihren Ursprung nämlich nicht in den gewohnten Gas- und Staubwolken innerhalb der Milchstraße oder auch in entfernten Sternensystemen, sondern wurden von kompakten, punktförmigen Objekten ausgestrahlt.

Mit Hilfe der Mount-Wilson- und Palomar-Teleskope untersuchte der amerikanische Astronom Allan Rex Sandage 1960 nun das Gebiet um die entdeckten kosmischen Radioquellen. Er stieß dabei jedes Mal auf einen sternartigen Lichtpunkt. Dem Aussehen nach konnten es allerdings keinesfalls normale Sterne sein, da ihre Leuchtkraft die von Galaxien hundert- oder gar tausendfach übertraf. Diese Lichtquellen wurden deshalb quasistellare Radioquellen genannt. Hong Yii Shiu vom Goddard-Institut für Weltraumforschung in New York schlug damals vor, diesen langen Namen auf

Quasar zu kürzen. Während einige von ihnen allem Anschein nach von einer Gas- und Staubwolke eingehüllt waren, schienen andere einen Materiestrahl auszustoßen.

Schon bald wurden im Licht und auch im Radiowellenbereich der Quasarstrahlung Schwankungen bemerkt. Doch weitere Beobachtungen trugen nicht etwa zur Klärung der Situation bei, sondern verwirrten das Bild noch mehr. Die Quasare hatten zwar das Aussehen von Sternen, aber ihre Rotverschiebung glich unverständlicherweise der von Galaxien.

Der in Holland geborene Astronom Maarten Schmidt vom California Institute of Technology erbrachte 1963 den Beweis dafür, dass es Galaxien sind. Die erste Identifizierung von Quasaren ist auf ihre starken Radiofrequenzen zurückzuführen, doch dürfte dies eher ein Zufall sein. Denn eine ganze Reihe anderer aufgespürter Quasare sind keine Radiowellensender. Seit dieser bedeutsamen Entdeckung wird zwischen »radiolauten« und »radiostillen« Quasaren unterschieden. Inzwischen ist nachgewiesen, dass es immerhin zehnmal mehr radiostille als radiolaute Quasare gibt.

In einer Reihe widersprüchlicher Theorien haben namhafte Astrophysiker und Kosmologen die ungeheure Strahlungsenergie von Quasaren zu erklären versucht: Einem Konzept nach können sich aufgrund der Schwerkraft gewaltige Gas- und Staubwolken zu einem neuen Sternensystem formen. Von Anfang an würde sich in seinem Kern eine Vielzahl großer, massereicher Sterne bilden, von denen Tag für Tag mehrere hintereinander explodieren. Nach einem anderen Konzept wäre es möglich, dass mehrere Sterne gleichzeitig kollabieren, zusammenstoßen und dabei eine Reihe von Supernova ähnlichen Explosionen auslösen.

Einer dritten Theorie zufolge könnten Antimaterie-Wolken mit der Materie von Quasaren reagieren. Antimaterie konnte zwar in Laborexperimenten nachgewiesen werden, aber im Universum fehlt bisher noch jeder Hinweis auf größere Ansammlungen.

Der Begriff *Antimaterie* beschreibt das auf der Erde nicht vorkommende physikalische Gegenstück zur normalen Materie. Im Unterschied zur normalen Materie haben die Elementarteilchen, also die Bestandteile der Atome, die der normalen Materie entgegengesetzte elektrische Ladung. So besteht zum Beispiel ein Lithiumkern aus drei positiv geladenen Protonen und drei bis fünf Neutronen. Ein Antilithiumkern besteht demnach aus drei negativ geladenen Antiprotonen und drei bis fünf Antineutronen. Die den normalen Atomkern umgebenden negativ geladenen Elektronen sind bei der Antimaterie durch Positronen ersetzt. Antimaterie zerstrahlt bei Kontakt mit normaler Materie. In Laborversuchen konnte die Existenz von Antimaterie nachgewiesen werden.

Eine weitere Vermutung ging davon aus, dass Quasare das spektakuläre Resultat einer bisher noch unbekannten Energiequelle im Universum sind, oder vielleicht auch spezielle Urstoffe, die auf den *Big Bang*, den so genannten Urknall des Universums, zurückgehen.

Wahrscheinlicher aber ist, dass Quasare mit ihren Rotverschiebungen nicht kosmologischen Ursprungs sind, sondern das Ergebnis besonderer Gravitationsauswirkungen.

Außerdem steht noch die These zur Debatte, dass im Gegensatz zu Schwarzen Löchern einige Quasare Weiße Löcher, so genannte Blasare sind.

Als Dr. James Terrell vom Los Alamos Scientific Laboratory seine Theorie über einige eigentümliche blaue, sternähnliche Objekte erläuterte, die in der Nähe der starken Ra-

dioquelle Centaurus A entdeckt worden waren, wurde die
Kontroverse über den Ursprung von Quasaren erneut ange-
heizt.

Galaxien mit starker Radiostrahlung sind ein ebenso großes Energiephänomen wie Quasare. Denn die Radiosignale
solcher Galaxien dehnen sich auf den optisch gegenüberliegenden Seiten oft gleichzeitig aus. Damit wird die Vermutung unterstützt, dass Partikel, die durch eine oder mehrere
Explosionen aufgeladen sind, herausgeschleudert werden
und in Wechselwirkung mit den Magnetfeldern dieser Sternensysteme Radiowellen erzeugen.

Neuere Aufnahmen des Quasaren Centaurus A zeigen erstaunlicherweise in einer der Radiowellen-Ausdehnungen
vom galaktischen Kern aus regelrecht wegschießende jet-
artige Strahlen beziehungsweise Filamente. *Filamente* sind
dunkle, längliche Gebilde in der Chromosphäre, der glühen-
den Gasschicht um unsere Sonne. In diesem Fall bezeichnet
der Begriff längliche Gebilde aus Materie, die aus dem galaktischen Kern herausgeschleudert werden.

Zusätzlich sind blaue, sternähnliche Objekte sichtbar, wie
sie bisher noch in keinem Sternensystem beobachtet wurden. Nach der Terrelschen Theorie würden diese blauen Objekte ihre Heimatgalaxis mit einer so enormen Geschwindigkeit verlassen, dass selbst wir in der kurzen Spanne unseres
Leben ihre Fortbewegung noch verfolgen könnten, wenn wir
zum Beispiel bereits vorhandene Aufnahmen mit solchen
vergleichen würden, die erst um die kommende Jahrtausendwende fotografiert werden.

Die elliptische Riesengalaxis M 87 im Sternbild Virgo
(Jungfrau) gilt als massereichstes Sternensystem. Es beher-
bergt 3600 Milliarden Sterne und ist um ein Vielfaches massereicher als unser Milchstraßensystem. M 87 ist auch als

Radioquelle Virgo A bekannt, deren Strahlung so gewaltig ist, dass sie nicht nur im Radiofrequenzbereich wahrnehmbar, sondern auch optisch sichtbar ist. An computergesteuerten Aufnahmen des Palomar-Observatoriums demonstrierte der amerikanische Astronom Halton Arp, dass dieser Jetstrahl eine Reihe von Knoten – so genannte *Blobs* – aufweist und außerdem von der anderen Seite der Galaxis ein schwacher »Gegenjet« projiziert wird. Diese Entdeckung könnte ein Hinweis auf Quasare sein, die durch Aktion auf der einen und Reaktion auf der anderen Seite mit Virgo A »kommunizieren«: Im Zentrum von M 87 deutet alles auf ein überdichtes Objekt hin. Es scheint also eine Beziehung zwischen diesem überaus aktiven, energiereichen Kern und Quasaren zu geben.

Auch die so genannten Seyfert-Galaxien, rätselhafte kosmische Zwitterwesen zwischen Galaxien und Quasaren, müssen in diesem Zusammenhang gesehen werden. Sie wurden 1943 von Carl Seyfert als Sonderklasse identifiziert und nach ihm benannt. Bei flüchtiger Betrachtung besteht zwischen diesen Sternensystemen und gewöhnlichen Spiralnebeln, wie zum Beispiel der Milchstraße, kein Unterschied. Denn vom Kern aus winden sich zwei von dunklen Gas- und Staubwolken gesäumte Spiralarme voll heller Sterne nach außen. Der Kern einer Seyfert-Galaxis ist aber viel kleiner als der eines gewöhnlichen Sternensystems und von überaus großer Helligkeit. Während sich im Spektrum einer Seyfert-Galaxis deutliche Emissionslinien zeigen, werden im Spektrum einer gewöhnlichen Galaxis Absorptionslinien sichtbar. Durch die Konzentration sehr heißer Gase im Kern einer Seyfert-Galaxis wird von dort Licht ausgestrahlt, das raschen unregelmäßigen Schwankungen unterworfen ist. Astronomen sprechen von katastrophalen Prozessen im Zentrum solcher Sternen-

systeme. Ohne ihre Spiralarme wäre eine Seyfert-Galaxis erstaunlicherweise nicht von einem Quasar zu unterscheiden.
Daher sind auch einige Astronomen davon überzeugt, dass
zwischen den Kernregionen einer Seyfert-Galaxis und einem
Quasar eine Verwandtschaft besteht.

Wenn wir die Rotverschiebung ignorieren, existieren generell gesehen zwei Gruppen von Quasaren:
– Die Leuchtkraft der einen gleicht der von Sternensystemen, die demselben Cluster (Sternenhaufen) angehören. Und
ihre Energie entstammt einer Quelle von der Größe des
Kerns einer Galaxis.
– Quasare der zweiten Gruppe sind kleiner. Und es konnte
bewiesen werden, dass sie mit bestimmten Galaxien verbunden sind, möglicherweise sogar aus deren Zentren heraus-
katapultiert wurden. Ihre Leuchtkraft ist schwächer als die
der anderen Gruppe, und ihr Helligkeitsgrad ist hundertmal
geringer als der ihres zugehörigen Sternensystems.

Eine finnische Forschergruppe unter der Leitung von
Dr. T. Jaakkola kam daher zu der interessanten Schlussfolgerung, dass sich unter Umständen aus beiden Quasar-Grup-
pen Sternensysteme bilden könnten: So wäre es möglich,
dass sich aus der ausgestoßenen Materie, die dem kompakten Kern der helleren Quasare entstammt, Riesengalaxien
formen, und aus der Materie der lichtschwächeren Zwerg-
galaxien.

Die drei Astronomen Halton Arp, sein Kollege Jack Sudenbic
und die Italienerin Graziella di Tullio konnten begründen,
dass es zwischen einigen Quasaren und nahe gelegenen Galaxien eine Verbindung gibt. Wurde damit das Rätsel um die
Quasare möglicherweise gelöst? Sind sie tatsächlich unend-

lich weit entfernt und stellen damit ein Relikt aus der Vergangenheit des Universums dar? Müssen sie als gegenwärtiges Phänomen betrachtet werden, weil sie sich in relativer Nähe befinden? Oder könnte am Ende beides zutreffen?

Sollte es sich bei Quasaren aber um *Weiße Löcher* handeln, also um kosmische »Geysire« beziehungsweise Blasare, wäre es einleuchtend, dass aus diesem in die Raumzeit hineinexplodierenden Materiestrahl neue Galaxien entstehen würden.

Eigentlich müssten sich die Rotverschiebungen benachbarter Quasare gleichen. Aber Cyril Hazard von der University of Cambridge fotografierte sechs solcher Quasar-Nachbarn mit sehr unterschiedlichen Rotverschiebungen. Und das würde für die rein kosmologische Erklärung der Rotverschiebung das »Aus« bedeuten...

Der Astronom Fred Hoyle war davon überzeugt, dass sich Hochgeschwindigkeits-Quasare aus einer ununterbrochenen Folge kleiner *Big Bangs* entwickeln. Sie schießen aus »nahe gelegenen« Weißen Löchern wie Projektile heraus. Materie und Energie werden nach Auffassung Hoyles von ihnen mit der gleichen Urgewalt ausgestoßen, wie sie von Schwarzen Löchern verschlungen werden.

Inzwischen setzt sich immer mehr die Annahme durch, dass Quasare Galaxien mit einer besonders starken Strahlenquelle im Zentrum darstellen und dass sich Schwarze Löcher hinter dieser Strahlenquelle verbergen könnten. Demnach wäre ein Quasar also ein Gebilde, das einem normalen Sternensystem ähnelt, in dessen Zentrum jedoch ein Schwarzes Loch die Galaxis von innen her »auffrisst«. Bei den hochaktiven Prozessen dieses Sogs wird enorme Energie abgestrahlt.

Schwarze Löcher gehören zu den rätselhaftesten Erscheinungen im Kosmos. Die zur Singularität zusammengebrochenen einstigen Sterne verschlingen jegliche Materie, die in den Sog ihres gewaltigen Gravitationsfeldes gerät, und verdichten sie ebenfalls zur Singularität. In der Singularität herrscht unendliche Dichte. Dort endet die Raumzeit.

Ein *Schwarzes Loch* entsteht beim Tod eines besonders großen Sternes. Bricht ein solcher Stern in sich zusammen, so sind die dabei auftretenden Gravitationskräfte so stark, dass sämtliche Atomstrukturen praktisch zur Singularität zusammengedrückt werden. Auch Lichtteilchen, so genannte Photonen, können aus diesem Schwerefeld nicht mehr entweichen. Selbst die Raum-Zeit-Struktur ist in diesem Bereich entartet.

Die in einem Schwarzen Loch – das wie ein riesiger kosmischer Staubsauger alles aufsaugt – was in sein Gravitationsfeld gerät, verschwundene Materie taucht mit großer Wahrscheinlichkeit in einem anderen Teil des Universums wieder auf: Sie wird von *Weißen Löchern* oder *Blasaren*, die in die Raumzeit hineinexplodieren und dabei gigantische Mengen an Materie und Energie quasi ausspeien, wieder freigegeben. Manche Astrophysiker vermuten, dass die rätselhaften Quasare riesige Weiße Löcher sind, eine Art »kosmischer Geysire«.

Eine unlängst gemachte sensationelle Entdeckung scheint die oben genannte Theorie zu bestätigen. So ist es erst seit kurzem möglich, in den Kern unserer Galaxis vorzudringen, das heißt, dort direkte Beobachtungen vorzunehmen. Vom Zentrum der Milchstraße ausgehende Infrarot- und Radiostrahlung lassen darauf schließen, dass dieses Gebiet ein ultrakompaktes Gebilde birgt – wahrscheinlich ein Schwarzes Loch, das in dichte, rasch rotierende Materie eingebettet ist.

Nach diesen Infrarot- und Radiowellen-Beobachtungen hat das am Südhimmel in Richtung Schütze liegende Zentrum unserer Milchstraße in seiner Mitte ein von einer stark leuchtenden Gas- und Staubwolke umgebenes Schwarzes Loch. Bei einem etwa alle tausend Jahre stattfindenden Zusammenstoß von Sternen können diese Wolken entstehen. Ein Teil des Gases und Staubes wird dann durch die Schwerkraft zum Schwarzen Loch hingezogen und bildet dort eine heiße rotierende Scheibe, bevor es verschluckt wird. Durch die intensive Ultraviolettstrahlung aus der Scheibe wird das Gas in den umliegenden Wolken ionisiert, von denen die Infrarotlinien und die Radiostrahlung dann ausgesendet und bei uns aus Richtung der Zentralregion empfangen werden können.

Auch der Staub in den Wolken wird durch die Strahlung aus der Scheibe und von nahe gelegenen Sternen aufgeheizt und sendet infrarote Kontinuumstrahlung aus. Ein großer Teil der kurzwelligen Infrarotstrahlung stammt von einigen Roten Riesen unter den etwa zwei Millionen normalen Sternen, die in diesem Gebiet vorkommen.

Um Entwicklung und Struktur des Universums erkennen zu können, muss es in drei Dimensionen beobachtet werden. Noch vor wenigen Jahren wurde es in seiner Materie-Verteilung als homogen angesehen: Das heißt, man ging von der Annahme aus, dass die Galaxien in alle Richtungen gleichmäßig verteilt sind. Die Kosmologen waren daher regelrecht geschockt, als drei Astronomen 1986 die erste detaillierte Himmelskarte präsentierten, auf der ein gewaltiger Abschnitt des Universums zu sehen ist: Entgegen der bisherigen Annahme sind hier die Galaxien zu riesigen Haufen zusammengeballt, die durch gigantische, seifenblasenförmige Leerräume mit scharf abgezeichneten Umrissen getrennt sind. Eine umso überraschendere Entdeckung, als sie in keiner Theorie je vorher erwähnt worden war, doch damit nicht genug, es sollten noch sensationellere Theorien folgen.

Kontraktion
der Widersprüche

Anfang der zwanziger Jahre des 20. Jahrhunderts trat der sowjetische Mathematiker und Astrophysiker Alexander Alexandrowitsch Friedmann (1888–1925) mit dem ersten deutlichen Hinweis auf ein expandierendes Universum an die Öffentlichkeit. Er wies nämlich nach, dass sich das Universum aufgrund seiner Startbedingungen entweder ausdehnen, zusammenziehen oder aber dass es pulsieren könne.

Ob das Verhalten des wirklichen Universums mit dem des Modells übereinstimmte, ließ sich nur durch Beobachtungen klären. Aber da lag, wie es im Volksmund heißt, »der Hund begraben«. Denn mit den neuen großen Teleskopen in Amerika arbeiteten vorwiegend Astronomen mit geringen kosmologischen Kenntnissen. Dafür lebten die hoch qualifizierten Kosmologen damals vorwiegend in Europa – in Berlin, Cambridge oder Leiden –, und ihnen mangelte es wiederum an praktischer Erfahrung in der beobachtenden Astronomie. Ein Dilemma, das sich entsprechend auswirkte.

Etwa zu der Zeit, als Friedmann seine ersten Arbeiten über kosmologische Relativität veröffentlichte, stellte der Direktor des Lowell-Observatoriums, Vesto Melvin Slipher (1875–1969), in einer Liste 40 Galaxien zusammen, bei denen (bis auf vier) der Nachweis einer Rotverschiebung erbracht worden war. Diese Liste hätte sicherlich bei anderen Kosmologen, bei Einstein oder Friedmann, starkes Interesse gefunden. Aber bedauerlicherweise erfuhr niemand davon. Denn die Verwaltung dieses Observatoriums beförderte offizielle Anfragen von außerhalb unbeantwortet in den Papierkorb.

Auch die Friedmannsche Theorie fand wenig Interessenten. Nachdem sich der Mathematiker dann auch noch bei einer meteorologischen Ballonfahrt mit einer Lungenentzündung im wahrsten Sinne des Wortes den Tod geholt hatte, geriet sie vollends in Vergessenheit. Der belgische Astronom Abbé Georges Lemaître (1894–1966) arbeitete fünf Jahre später am selben Projekt, ohne auf Spuren der Friedmann'schen Arbeit zu stoßen, kam aber zu fast den gleichen Resultaten wie der Russe. Überzeugt von einem expandierenden Universum, erwartete Lemaître die Bestätigung dafür durch die Rotverschiebung in den Spektren der Galaxien. Möglicherweise war ihm die gerade veröffentlichte Rotverschiebungstabelle von Slipher in die Hände geraten.

Nachdem das Universum wegen seiner Expansion als dynamisch betrachtet werden musste, stellte sich nunmehr die Frage, wann und wie diese Ausdehnung begonnen hatte. Um es ganz deutlich zu machen: In diesem Zusammenhang bedeutet Galaxienflucht natürlich nicht, dass sich alles nur von der Erde entfernt. Denn damit wäre die Erde ja wieder als Mittelpunkt des Universums gekennzeichnet. Vielmehr konnten die Astronomen von der Voraussetzung ausgehen, dass sich die Abstände aller Sternensysteme untereinander vergrößern, da im Universum die Galaxienhaufen in alle Richtungen auseinander streben, wie Punkte auf einem Luftballon während des Aufblasens. Hubble hatte für diese gleichmäßige Ausdehnung des Universums einen festen Wert errechnet.

Musste es für diese Bewegung nicht einen Ursprung geben, einen Anfang? Wenn dies zutraf, wie kommt man dann auf das Alter des Universums?

Die Schöpfung wird in vielen Religionen als göttlicher Akt verehrt. Im Geburtsjahr von Isaac Newton, 1642, hatte beispielsweise der Engländer John Lightfood anhand von Bibeldaten errechnet, dass die Erschaffung der Welt im Jahr 1928 v. Chr. stattfand, genau genommen um Punkt neun Uhr, am 17. September jenes denkwürdigen Jahres. Der Erzbischof von Armagh, James Ussher, erklärte sich damit allerdings nicht einverstanden. Er stellte Lightfoods Daten einige Jahre später »richtig« und verlegte das Schöpfungsdatum der Welt auf Sonntag, den 23. Oktober 4004 v. Chr., und die Kirche hielt sich über hundert Jahre lang an das Datum ihres getreuen Dieners.

Die Astronomen des 20. Jahrhunderts konnten derart abwegige Angaben über das Alter des Universums natürlich nur mit einem Achselzucken abtun, wenngleich ihre eigenen Altersbestimmungen anfänglich nicht weniger widersprüchlich waren. Einig waren sie sich nur darüber, dass das Universum auf eine relativ lange Vergangenheit zurückblicken musste.

Jahrzehnte vergingen, bis die durch unterschiedliche Fehler hervorgerufenen Zahlen korrigiert waren, da dies weder durch Beobachtungen noch theoretisch sofort erfolgen konnte. Diese Fehler ließen sich nur beheben, wenn man über das Leben der Sterne Bescheid wusste. Dazu trug einerseits die Zusammenarbeit von Astronomen und Physikern im neuen Fachgebiet der Astrophysik bei sowie ein wesentlich leistungsfähigeres Teleskop. Und hier kam der amerikanische Astrophysiker George Ellery Hale (1868–1938) ins Spiel.

Als sich Albert Einstein und Hubble 1931 auf Mount Wilson begegneten, konnte endlich die Schranke zwischen der theoretischen Physik und der Astronomie aus dem Weg geräumt werden. Dazu leistete Hale einen erheblichen Beitrag mit seiner kategorischen Forderung, die drei unter seiner

Leitung erbauten Riesenobservatorien, Yerkes, Mount Wilson und Mount Palomar, mit Spektrographen, Dunkelkammern und Gerätschaften auszustatten, die für physikalische Laboratorien zur Beobachtung und Analyse von Sternen unbedingt erforderlich sind.

Hale entwickelte die von ihm »gehätschelte und getätschelte« Astrophysik im Laufe seiner Karriere immer weiter fort. So gelang es, in internationaler Zusammenarbeit, die Geschichte der Evolution der Sterne zu erstellen. Für viele Astrophysiker und Astronomen war damit ein bedeutender Fortschritt erreicht.

Anfang des 20. Jahrhunderts befand sich die klassische Physik in einer Krise. Ursache war die außergewöhnliche Konstellation einer Anzahl von Kapazitäten in der theoretischen Physik, einer Reihe von brillanten Denkern, genialen Wissenschaftlern, die hartnäckig für eine Neuordnung unseres bisherigen Weltbildes kämpften. Vor allem sollte dazu eine Arbeit beitragen, die am 17. März 1905 in der Fachzeitschrift *Annalen der Physik* veröffentlicht wurde. Ein bis dahin unbekannter 26-jähriger Patentsachbearbeiter in Bern war der Verfasser. Er schaffte es, das bis dahin gültige Zeit- und Raumverständnis sowie die klassische Konzeption der Physik mit nur 9000 Wörtern drastisch zu verändern. Dieser Mann war Albert Einstein, der 1909 eine Professur an der Universität Zürich bekam. Sein Doktorvater Professor Kleiner hatte plötzlich Bedenken gegen Einstein und wollte den Lehrstuhl lieber mit seinem Assistenten Dr. Adler besetzen, der aber ablehnte. Also erhielt Einstein die Professur. Professor Kleiner hatte vorher Einstein in Bern eine Privatdozentur verschafft und dort eine seiner Vorlesungen gehört. Diese Vorlesung war seiner Meinung nach nicht unbedingt für Studenten geeignet.

Damals dominierte im Hintergrund der naturwissenschaftlichen Welt die immer noch alles überragende Gestalt von Sir Isaac Newton. Wie nach ihm Einstein, hatte er an den Fundamenten der Wissenschaft, innerhalb kurzer Zeit gleich dreimal gerüttelt. So brachte er mit der Formulierung der Gravitationsgesetze ein gewohntes Weltbild ins Wanken. Für mehr als 200 Jahre sollten Newtons Erkenntnisse für die Naturwissenschaft maßgebend sein.

Gegen Ende des 19. Jahrhunderts wurde das Newtonsche Gebäude erstmals in seinen Grundfesten erschüttert. Dann nämlich, als in Experimenten nachgewiesen wurde, dass Licht auch ein wellenförmiger Vorgang und nicht nur ein Partikelstrom ist, der sich – Newtons Behauptung zufolge – nach mechanischen Gesetzen bewegt. Die britischen Wissenschaftler Michael Faraday (1791–1867) und James Clerk Maxwell (1831–1879) demonstrierten darüber hinaus, dass elektromagnetische Phänomene, worunter auch Licht fällt, kaum in das Newtonsche System einzureihen sind.

Physikalisch gesehen ist Licht, im Spektrum der aus verschiedenen Wellenlängen bestehenden elektromagnetischen Schwingungen, nur ein winziger Abschnitt. Der schottische Physiker Maxwell bewies, dass Elektrizität und Magnetismus unterschiedliche Manifestationen einer einzigen fundamentalen Kraft sind – der elektromagnetischen Kraft.

Als Einstein auf der physikalischen Bühne auftauchte, fand er zwei brillante Theorien vor: zum einen das Newtonsche Gravitationsgesetz, zum anderen die Maxwellsche Theorie des Elektromagnetismus. Im Grunde genommen gab es keinen Anhaltspunkt dafür, dass sie nicht stimmen könnten. Aber die eine passte eben schlecht zur anderen. In den Gleichungen von Maxwell pflanzt sich ein Effekt nie schneller als das Licht fort, bei dem sich elektromagnetische Wellen mit endlicher Geschwindigkeit durch ein Feld fortpflanzen. Newtonsche Schwerkraft breitet sich dagegen selbst über kosmische Entfernungen mit unendlicher Geschwindigkeit aus.

Einstein löste diesen Widerspruch mit einer neuen, revolutionierenden These – der Relativitätstheorie. Jahre später erklärte er in Würdigung Maxwells einmal kurz und bündig: »Die spezielle Relativitätstheorie hat ihren Ursprung in den Maxwellschen Gleichungen der elektromagnetischen Felder.«

Nachträglich wird deutlich, dass die Maxwellsche Theorie vor allen anderen von Einstein weiterentwickelt wurde. Denn er hatte das Prinzip der Vereinheitlichung erfasst und war sich über eine zugrunde liegende »vereinigende Symmetrie« im Klaren, die scheinbar Unterschiedliches wie Raum und Zeit, ebenso wie Materie und Energie miteinander verbindet. Einsteins Beitrag zur Vereinheitlichung bestand in der Verbindung von Raum und Zeit, während Maxwell mit der Entdeckung der Synthese von Elektrizität und Magnetismus dazu beigetragen hat. Newton aber eröffnete den Reigen mit seiner Epoche machenden Entdeckung, dass himmlische und irdische Objekte demselben Gesetz der Schwerkraft unterliegen. Einstein demonstrierte mit seiner Theorie, dass es sich bei Raum und Zeit um Manifestationen ein und derselben Sache handelt, der Raumzeit. Doch in seiner Theorie vereinigte Einstein nicht nur Raum und Zeit, sondern auch Materie und Energie als die zwei Seiten einer Medaille.

Einstein zeigte, dass Gravitation eine durch die Masse eines Himmelskörpers verursachte Verformung der Raum-Zeit-Geometrie ist. Deswegen wird auch ein durch Gravitation abgelenkter Lichtstrahl gekrümmt. Verständlicherweise sind einige der exotischen Auswirkungen der Relativitätstheorie für manche Skeptiker bzw. Kritiker schwer verdaulich. Zum Beispiel die Tatsache, dass sich mit zunehmender Geschwindigkeit eines Objekts die Zeit verlangsamt und das Objekt kürzer wird. Und dass das etwa von einem Raumschiff bei Annäherung an die Lichtgeschwindigkeit in Flugrichtung ausgestrahlte Licht niemals die Grenze von rund 300 000 Kilometern pro Sekunde überschreitet.

Die Frage nach dem Phänomen Licht hat Künstler, Philosophen und Wissenschaftler schon immer beschäftigt. Seine lineare Verbreitung ließ Partikel vermuten, und seine Brechungs- und Beugungsvorgänge deuteten auf Wellen hin. Schon im 19. Jahrhundert schienen die faszinierenden Gleichungen von Fresnel und Maxwell diese Wellentheorie zu untermauern. Allerdings galt es nun vor allem, das Medium zu erforschen, in dem sie sich ausbreiteten. Schließlich wurde dieses vorausgesetzte »unsichtbare Medium« unter der Bezeichnung *Äther* bekannt.

Astronomische Beobachtungen hatten bereits die Konstanz der Lichtgeschwindigkeit und deren ungefähren Wert ermittelt. Da sich die Erde relativ schnell um sich selbst und gleichzeitig um die Sonne dreht, musste sie sich ebenfalls im Äther fortbewegen. Ein Tatbestand, den es zu vermessen galt!

Zu diesem Zweck baute der amerikanische Physiker Albert Abraham Michelson (1852–1931) ein außergewöhnliches Gerät, mit dem er auf Einladung des bekannten Physikers Hermann von Helmholtz (1821–1894) 1881 sein berühmt gewordenes Experiment durchführte.

Mit einem halb durchlässigen Spiegel teilte er einen Lichtstrahl in zwei auf, von denen der eine vorwärts und der andere seitwärts verlief. Beide wurden von Spiegeln wieder

zurückgeworfen und auf einen gemeinsamen Schirm diri-
giert. Bei einer Drehung des Geräts müsste sich der eine
Lichtstrahl, bedingt durch die Bewegung der Erde, quer zum
Ätherwind fortbewegen und der andere sich in Richtung des
Ätherwindes hin und zurück bewegen. In anderen Worten:
Die beiden Lichtstrahlen benötigten unterschiedliche Zeit,
um ihren Weg zurückzulegen. Ähnlich wie beispielsweise bei
einem Schiff, dessen Hin- und Rückfahrt auf einem Fluss
mehr Zeit in Anspruch nimmt als für die gleiche Strecke auf
einem See. Denn der Zeitverlust gegen die Strömung ist größer als der Zeitgewinn mit der Strömung. Die beiden Lichtstrahlen würden sich also durch die verschiedenen Laufzei-
ten auf dem Schirm unterschiedlich überlagern und müssten
als so genannte *Interferenzstreifen* zu sehen sein. Doch wie
immer der Apparat auch gedreht wurde ließ sich die Existenz
von Äther nicht beweisen.

1892 beschäftigte den Physiker George Francis Fitzgerald
(1851–1901) der Gedanke, ob durch den Ätherwind nicht vielleicht alle Körper ein klein wenig zusammengedrückt würden – vielleicht gerade so viel, um auf diese Weise die Ge-
schwindigkeits- und damit Zeitdifferenz des Lichtstrahls
auszugleichen – am Ende also »Nichts« gemessen würde.
Eine nicht unbedingt einleuchtende Idee, die jedoch von
Hendrik Antoon Lorentz (1853–1928) in Gleichungen umge-
setzt wurde, und später von Einstein mit Hilfe des Mathematikers Marcel Großmann in seiner Relativitätstheorie übernommen wurde. Lorentz ging davon aus, dass ein elektrisch
geladener Körper im Verlauf seiner Fortbewegung durch den
Ätherstrom elektromagnetische Kräfte produziert, die für
die Kontraktion – auf Grund einer Umstrukturierung der Materie des Körpers – direkt verantwortlich sind. Lorentz bezog
sich in diesem Zusammenhang auf ein wechselseitiges Ver-

hältnis zwischen den Entfernungen und Zeiten, wie es von Beobachtern, die sich in relativer Bewegung aufeinander zu befanden, festgestellt wurde. Das heißt, die Beziehung zwischen Zeit- und Entfernungsmessung ist durch mathematische Gleichungen messbar, die so genannte Lorentz-Transformation, sobald unterschiedliche Beobachter in relativ zueinander bewegten Beziehungssystemen das gleiche Geschehen schildern. Die Lorentz-Kontraktion gibt allerdings mit ihrer Widersprüchlichkeit bis heute Anlass zu Kontroversen.

»Angeblich haben zwei Theorien die Welt verändert: die Relativitätstheorie und die Quantenmechanik. Das ist ziemlich übertrieben. Wenn etwas die Welt verändert hat, dann sind das die Atomenergie und die Kernwaffen, und die sind nicht auf dem Mist der Theoretiker gewachsen, sondern, wie alle technischen Neuerungen, aus dem Experiment. Sie werden nur immer wieder gern zitiert als ›Beweis‹ für die Richtigkeit der Theorien. Auch das stimmt nicht. Das Einzige, was bewiesen wird, ist die Umwandlung von Masse in Energie, und auch die hat nicht Einstein entdeckt, sondern schon 1846 Weber, später haben sie Lebedew und (ein Jahr vor Einstein) der Wiener Physiker Hasenöhrl in Formeln gefasst: $E = mc$. Aber die Relativisten nehmen das nicht so genau. Einstein gebührt der Verdienst, ohne Quellenangabe abgeschrieben zu haben«, kommentiert der Physiker Gerald Johannes bissig in seiner provokanten Streitschrift *Das Gegenteil ist wahr. Über Irrtümer, Lügen und Desinformationen in Wissenschaft und Politik.*

Der amerikanische Nobelpreisträger Frederick Soddy (1877–1956), der Entdecker der Isotopie, stellte auf der Tagung der Physik-Nobelpreisträger am 30.6.1954 in Lindau fest: »Wenn ein Schuljunge ein solches Kardinalverbrechen

(Einsteinsche Relativitätstheorie) beginge, seine Zahlen zu frisieren, um das richtige Ergebnis zu erhalten, würde er als eine Schande für die Schule herausgestellt werden. Diese Theorien, insbesondere die von der Relativität und vom Wirkungsquantum, sind von höchst transzendenter Art und grenzen ans Bizarre und Drollige, sodass die Frage berechtigt ist, wie weit sie überhaupt als Wissenschaft gelten dürfen. Damit begann jener anmaßende Schwindel, mit dem diese Theorie belastet wurde und der meiner Meinung nach endlich einmal als ein Schritt zurück ins Reich der Fantasie und des Mystizismus gekennzeichnet werden muss. Man hat dies zum Anlass genommen für eine Orgie von Amateurmetaphysik mit der Tendenz, den Mathematiker, der doch nur ein bloßer Rechner ist, zum gottgesandten Magier zu stempeln, der Länge und Zeit physikalisch gleich machen kann. Der wahre Schuldige war Einstein.«

»Die Würfel sind gefallen – die Experimente des Professor Nimtz in Köln haben die Relativitätstheorie endgültig als Mythos entlarvt.

Doch die Gegenwart ist erheblich, denn für die orthodoxe Wissenschaft zeichnet sich eine Blamage Galileischen Ausmaßes ab.«

In seinem Artikel *Mythos Relativitätstheorie*, der hier mit freundlicher Genehmigung des *Magazins 2000* wiedergegeben wird, belegt Peter Rösch, welche Kontroversen die Einsteinsche Relativitätstheorie inzwischen auslöst.

»Vielen gilt die Relativitätstheorie als Krönung der Physik. Durch diesen Akt reinen Denkens und kühner Vermutungen hat es Albert Einstein (1879–1955) angeblich geschafft, abseits eigener experimenteller Erkenntnisse ein grundlegend neues Naturverständnis zu bescheren. Fortan sollte ›der

Raum‹, nicht einfach Dinge in ihm, schrumpf- und krümm-
bar sein, ›die Zeit‹, nicht einfach die Uhren, verlangsambar
bis fast zum Stillstand. Der verwirrende Umsturz aller bisherigen Auffassungen wurde 1905 mit der Arbeit *Zur Elektro-
dynamik bewegter Körper* auf rein mathematischem Wege erzielt.

Was ist dabei der springende Punkt? Analysiert man diese
Fundamentalarbeit der Relativitätstheorie, so zeigt sich als
entscheidende Neuerung, dass die bisherigen Grundgrößen
der Mechanik – Länge, Zeit, Masse – nunmehr mit einem
Wurzelausdruck versehen in Erscheinung treten. Dieser so
genannte Laplace-Faktor stellt somit die Beschreibungskate-
gorien für Räumlichkeit, Beweglichkeit, Körperlichkeit gewissermaßen unter sein Diktat.

Die Herkunft dieses Faktors ist umstritten. Unzweifelhaft
kann er unter Zugrundelegung der Äthervorstellung aus dem
berühmten Michelson-Versuch herausgelesen werden, was
Hendrik Antoon Lorentz (1853–1928) im holländischen Leiden kurz nach der Wende zum 20. Jahrhundert gelang. Einstein sorgte auch in dieser Sache für Verwirrung: Mal behauptete Einstein, er habe den Michelson-Versuch im Sinn
gehabt, mal behauptete er, von Lorentz nichts gewusst zu
haben, mal beschied er den Frager, er habe es vergessen.
Literaturquellen hatte er nicht angegeben, die Unterschrift
der Arbeit war verloren gegangen...

Nach anderer Meinung liegt der Ursprung des Laplace-
Faktors in Ostpreußen: Der an der Königsberger Albertus-
Universität lehrende mathematische Physiker Woldemar
Voigt (1850–1919) soll schon zwei Jahrzehnte vorher, beim
Entwurf einer ›elastischen Lichttheorie‹, mit dem ominösen
Rechenausdruck gearbeitet haben. Er muss dann von Voigts
dortigem Kollegen, dem später nach München umgesiedel-

ten Mathematiker Ferdinand von Lindemann (1852–1939) übernommen worden sein, um schließlich 1905 in dem bekannten Fundamentartikel zur Relativitätstheorie aufzutauchen (Rösch, *Magazin 2000plus* Nr. 137/138).

Nach den Worten eines Mitarbeiters von Voigt habe dieser es mit humorvoller Gelassenheit genommen, ›dass er so nahe an der Relativitätstheorie vorübergestreift‹ sei, während Lindemann in die Rolle eines ›Osiander der Relativitätstheorie‹ geriet und Einstein als ›neuer Kopernikus‹ eingeführt wurde.

DAS VERBOT VON ÜBERLICHTGESCHWINDIGKEITEN

So banal der Laplacesche Wurzelausdruck in mathematischer Hinsicht sein mag, so brisant ist er andererseits, wenn man ihn nach Art der Relativisten in die Physik einbringt. Denn: Auf welche der drei Grundgrößen – Länge, Zeit, Masse – man den Faktor auch anwendet, stets muss sie dann laut Rechnung beim Einsetzen bestimmter Geschwindigkeitswerte v aus der physikalischen Realität verschwinden. Die Rede ist von den so genannten Superluminal- oder Überlichtgeschwindigkeiten, die in der prägnanten Formelsprache der Physiker durch den Ausdruck v > c beschrieben sind. Der Laplace-Faktor mutiert bei einem solchen Wert zur Wurzel aus einer negativen Zahl – ein rechnerisches Unding, das prompt auf die betreffende Grundgröße durchschlägt und sie nach Sprechweise der Mathematiker zur »imaginären Größe« macht. Imaginäre Massen aber sind physikalisch nicht zu packen, denn imaginär heißt so viel wie: eingebildet.

Nun können Theorien, deren Resultate explizit in Einbildungen bestehen, keinesfalls einen Platz bei den Naturwissenschaften beanspruchen. Die Einführung des Laplace-Faktors musste die Relativitätstheoretiker deshalb veranlassen, der Lichtgeschwindigkeit nicht nur Konstanz, sondern darüber hinaus auch die Eigenschaft einer unübertreffbaren Grenzgeschwindigkeit zuzuschreiben.

Hans Thirring (1888–1976), Vorstand des Instituts für theoretische Physik der Universität Wien und einer der Wegbereiter der Einsteinschen Lehre, schrieb dazu:

›Wir setzen voraus, dass es keine Wirkung gibt, die sich mit Überlichtgeschwindigkeit fortpflanzt. Tatsächlich existiert auch nach menschlichen Erfahrungen keine solche Wirkung. Würde man einmal die Wirkung entdecken, die rascher als das Licht liefe, so würde damit das ganze Gebäude der Relativitätstheorie zusammenbrechen. Das ist aber sehr unwahrscheinlich.‹

Nicht unmöglich also, sondern nur unwahrscheinlich. Genau diese Unwahrscheinlichkeit, und nichts anderes, ist jetzt, 50 Jahre später, mit dem Experiment des Professor Nimtz eingetreten.

Wiederholt wurde seit 1995 bestätigt, dass es möglich ist, Energie mit 1,5 Millionen Kilometern pro Sekunde, also mit einem Mehrfachen des offiziellen Lichtgeschwindigkeitswertes weiterzuleiten. Dass dies sogar in willkürlicher Taktung erfolgen kann – wie es die Fernmeldetechnik gebietet – hat Professor Nimtz mit der Übertragung von Musikstücken bewiesen. Die erforderlichen Energiestöße werden dabei nicht in ein herkömmliches massives Elektrokabel eingepulst, sondern sie jagen durch ein entkerntes Leiterstück. Dabei gleiten sie zunächst ungestört an dessen Innenfläche, der Laibung, entlang. Doch in dem Moment, da sie an eine Engstelle im Leiterstück gelangen, wird offenbar eine Umstrukturierung der eingebrachten Energie ausgelöst und die

Gleitgeschwindigkeit längs der Laibung rasant erhöht. Der Vorgang ist übrigens stark energieziehend, ganz so, als handele es sich um eine Hochgeschwindigkeitsfahrt auf der Autobahn.

Mit dem Versuch befindet sich Professor Nimtz in bester experimental-physikalischer Tradition. Schon 160 Jahre vor ihm hatte der berühmte Charles Wheatstone (1802–1875) die *Fortpflanzungsgeschwindigkeit der Elektrizität in einem Kupferdrahte* untersucht und als das etwa 1,5-fache der heute angenommenen Geschwindigkeitsobergrenze ermittelt. Die Messungen blieben lange Zeit anerkannt, bis 1903 der kaiserlich-königliche Schulrat Professor Alois Höfler (1853–1922) in Wien – ein Anhänger Ernst Machs (Rösch, *Magazin 2000plus* Nr. 137/138) – behauptete, dass vermutlich Einflüsse der Drahtkapazität eine Falschmessung verursacht hätten. Die Wheatstone-Messungen gerieten in Vergessenheit, und die zwei Jahre später in der Relativitätstheorie erfolgende Festschreibung der Lichtgeschwindigkeit war vorbereitet. Ein Akt, dessen Irrigkeit das Nimtzsche Experiment heute einem jeden erkennbar macht.

DIE »HERRSCHENDE« MEINUNG

Selbst prominente Forscher mussten im Jahrhundert Einsteins die Erfahrung machen, dass ihre theoretischen und experimentellen Ergebnisse beiseite geschoben wurden, wenn diese irgendwie einen Widerspruch zur Relativitätstheorie erahnen ließen. So geschah es dem Franzosen Georges Sagnac (1869–1926) vor dem Ersten Weltkrieg, dem Deutschen Johannes Stark (1874–1957) in den zwanziger Jahren und insbesondere auch dem deutsch-amerikanischen Altmeister der Messkunst, Abraham Michelson (1852–1931). Nachdem 1925 schon der 73-jährige Michelson zusammen mit seinem Mitarbeiter Gale in einem aufwendigen Rotationsexperiment die Existenz des Äthers – den es nach der relativitätstheoretischen Fundamentalarbeit nicht geben darf – nachgewiesen hatte, erfuhr er kurz darauf aus der Zeitung von seinem Verscheiden, und der Nobelpreisträger des Jahres 1907 konnte seinen eigenen Nachruf lesen. Die Scientific Community hatte Michelson nach den Regeln der Unterwelt von Chicago, wo das Rotationsexperiment durchgeführt wurde, für tot erklärt. Er hatte sich der ›herrschenden Meinung‹ nicht gefügt. Bereits der legendäre Michelson-Versuch von 1881 war wider die physikalischen Auffassungen des Urhebers von den Relativitätstheoretikern vereinnahmt worden (Boesch, *Magazin 2000plus* Nr. 134), während Michelsons Alterswerk, der klärende Michelson-Gale-Versuch, erst gar keine Bekanntheit erlangte und in den Lehrbüchern fehlt.

Bei den Nimtzschen Experimenten verlaufen die Dinge bisher anders. Das dürfte nicht zuletzt am guten Kontakt der Experimentatoren zur Presse (schauen Sie mal in das Impressum des *Spiegel*) liegen. Es häufen sich, bis zur aktuellen Gegenwart, die Wissenschaftsblätter mit Aufmachern wie: ›Die Sensation: Licht ist schneller als Licht‹, ›Neuer Rekord: Physiker durchbrechen die Lichtmauer‹, ›Unmögliches ist doch möglich: Deutsche Forscher beschleunigen Wellen auf Überlichtgeschwindigkeit‹, ›Schneller als Licht: Stürzt Einsteins Dogma?‹.

Was dabei an Sachinformation über die Experimente angeboten wird, ist allerdings dürftig. Es liegt nichts vor über die Einflüsse, die beispielsweise Werkstoff (Eisen, Gold, Legierungen?), Querschnitts- und Längsachsen-Geometrie

des Leiterstücks (eckig, rund, gerade, gebogen?), Formgebung des Engstellenübergangs (Schmiegungen, Rundungen,
Kanten?) und Oberflächenbeschaffenheit der Laibung
(poliert, aufgeraut, gerillt?) ausüben, auch von einer Gegen-
prüfung mit einem sich erweiternden Leiterstück wurde
nichts bekannt.

Aber da mit dem Thema ›Überlichtgeschwindigkeit‹ der
Nerv der so genannten modernen Physik getroffen ist,
reicht allein schon das Reizwort aus, um in der wissenschaftlichen Welt Wirkungen hervorzurufen, wie sie sonst
nur das Frettchen im Hühnerstall erzielt: ›Die Berichte sind
eine Schande für die Physik. Über einen solchen Unsinn
sollte man nicht diskutieren.‹ ›Nur die ewig Gestrigen be-
danken sich, weil der Jude Einstein endlich widerlegt sei.‹
›Die Relativitätstheorie ist weiterhin richtig, denn Einstein
hat sich über die Signalausbreitung im Leiterstück gar
nicht geäußert!‹ ›Einsteins Revolution ist noch unvollendet,
ihre Tragweite noch gar nicht ausgelotet.‹ ›Über die Sache
wird bald Gras wachsen!‹ Und schließlich fährt ein hoch
dotierter Atomforscher noch das stärkste Geschütz gegen
das Nimtzsche Experiment auf: ›Überlichtgeschwindigkeiten sind nicht mit dem derzeitigen Weltbild zu vereinbaren.‹ Also, so meint er, haben die Messungen falsch zu
sein!

Die Würdenträger der Physik sehen demnach ihre vor-
nehmste Aufgabe darin, den Einsteinschen Mythos um jeden
Preis ins 21. Jahrhundert hinüberzuzwingen. Der Berliner
Naturphilosoph Jochen Kirchhoff bemerkt in seinen *22 Thesen zur herrschenden Naturwissenschaft* (Kirchhoff, *Raum &
Zeit* Nr. 100) treffend: ›Die Naturwissenschaft steht der Scho-
lastik früherer Zeiten näher als sie selbst weiß und wahr-
haben will.‹ Bekanntlich ließen die damaligen Würdenträger

keine Planetentrabanten außerhalb des Erde-Mond-Systems zu, weil sonst die offizielle Lehre durcheinander geraten wäre. Sie behaupteten einfach, das auf die Jupitertrabanten gerichtete Fernrohr Galileis gaukle etwas vor, was es nicht gibt.

Ist Nimtz also der moderne Galilei? Immerhin wurde die informative und viel diskutierte Einstein-Kritik *Requiem für die spezielle Relativität* von Nimtz' ehemaligem Mitarbeiter Georg Galeczki und Peter Marquardt verfasst. Zur nüchternen Beurteilung muss man jedoch um seine persönliche Haltung gegenüber dem eigenen Experiment wissen.

Erkundigt man sich direkt am Nimtzschen Institut nach dem Überlichtgeschwindigkeitsexperiment – so erhält man sinngemäß die folgenden, von mir gleich im Anschluss kommentierten Auskünfte:

1. Es war nicht das Ziel der Experimente, Einstein zu widerlegen.

Aber was bezweckte man dann damit? Selbst wenn die Ergebnisse, nach denen Überlichtgeschwindigkeiten möglich sind, sich gewissermaßen als Abfallprodukt ergaben, so betreffen sie doch die grundlegende Voraussetzung des ganzen relativitätstheoretischen Denkgebäudes und entziehen ihm ohne Wenn und Aber das Fundament. Der aus einem terrestrischen Experiment direkt gewonnene Kontra-Befund wiegt schwerer als die interpretationsbedürftigen und über abenteuerliche Gedankenpfade zustande kommenden Pro-Argumente der Astrophysik – ganz abgesehen von der ohnehin fragwürdigen Vorgeschichte der oft zitierten Fälle Merkurperiheldrehung und solare Lichtablenkung. Wissenschaftstheoretiker, die sich mit der ›Popperschen Falsifikationsthese‹ auseinander gesetzt haben, werden dies bestätigen.

2. Masse wurde nicht übertragen.

Nun, bei der Übertragung eines Musikstücks muss es grundsätzlich um Weitergabe von Energie gehen – ein anderes Verständnis gibt es nicht in der Physik, solange sie den Energieerhaltungssatz anerkennt. Anhänger der Einsteinschen Lehre behaupten, dass dies zur Formel $E = mc^2$ führe und Energie demnach untrennbar mit Masse verkoppelt sei. Wenn man am Nimtzschen Institut offenbar der Meinung ist, diese Zusammenhänge seien bei dem Überlichtgeschwindigkeitsexperiment außer Kraft gesetzt, spricht auch dies gegen die Relativitätstheorie. Der Widerspruch zur bestehenden Lehre ist unumgänglich.

3. Als Erklärung werden Gruppen- und Phasenlaufzeiten diskutiert.

Mit den wellenmechanischen Begriffen Gruppen- und Phasengeschwindigkeit versuchten die Quantentheoretiker der zwanziger Jahre, Wellen- und Teilchenauffassung des Lichts zu harmonisieren. Der Grund für den Griff in die Mottenkiste ist, dass bei dieser Vorstellung bereits Überlichtgeschwindigkeit vorkommt. Die Strahlung bewegt sich demnach als Energiebündel (›Gruppe‹) lichtschnell mit ›Gruppengeschwindigkeit‹. Dabei läuft sie in der Spur einer mit ›Phasengeschwindigkeit‹ voreilenden Führungswelle, die dann selbstverständlich überlichtschnell sein muss. Da aber die Überlichtgeschwindigkeit bei dieser Vorstellung den Energietransport gerade nicht betrifft – die Energie wird ja mit der ›Gruppe‹ transportiert – bleibt offen, was genau man am Nimtzschen Experiment damit angeblich erklären will. Der Widerspruch zur Relativitätstheorie bleibt jedenfalls bestehen. Nach diesen Auskünften aus dem II. Physikalischen Institut kamen mir die dürren Worte eines gewichtigen deutschen Quantenmechanikers in den Sinn: ›Nimtz hat nicht verstanden, was er getan hat‹ – Aber wahrscheinlich gilt genau das Gegenteil: Er hat nur zu gut verstanden. Auch wenn es ausgesprochene Inquisitionsprozesse nicht mehr gibt, kann es klug sein, das Schicksal des ›Eppur si muove‹ seufzenden Galilei zu bedenken, und das Poster nicht außen, sondern im Innern des Nimtz'schen Labors anzubringen. Welches Poster? Na, das eben, das dort hängt: Mit Einstein drauf, wie er der geleimten Menschheit die Zunge herausstreckt.«

Gleichgültig, wie ernsthaft die Argumente der Einstein-Kritiker auch sein mögen, hatten und werden sie es auch weiterhin stets sehr schwer haben, auch weil die Bezichtigung des Antisemitismus durch die Einstein-Anhänger wohl kaum aus der Welt zu schaffen sein wird. Warum aber löst die Relativitätstheorie so heftige Diskussionen aus? Ganz einfach, weil sie die Grundfesten der orthodoxen Mechanik – Länge, Zeit, Masse und Energie – erschüttert und revolutionierend mit einem Wurzelausdruck erfasst.

Wie Newton, träumte auch Einstein von der Vereinheitlichung der Naturgesetze, von der Weltformel. Er arbeitete sein ganzes Leben daran, Gravitation und Elektromagnetismus theoretisch zu vereinen. Erfolglos.

Zunächst wurde das alte Wunschbild von neuen Entdeckungen verdrängt. Durch den Vorstoß in den atomaren Mikrokosmos sahen sich die Physiker veranlasst, statt die bereits bekannten Kräfte – Gravitation und Elektromagnetismus – zu vereinen, ihnen zwei neue hinzuzufügen: die für den radioaktiven Beta-Zerfall verantwortliche so genannte schwache Wechselwirkung und die starke Kernkraft, die Protonen und Neutronen im Atomkern aneinander bindet.

Weder Kräfte noch Teilchen ließen sich in ein einfaches Schema einordnen. Die Physiker wurden vielmehr einer Schwemme neuer Elementarteilchen ausgesetzt. Während die physikalische Welt der zwanziger Jahre des 20. Jahrhunderts lediglich zwei Teilchenarten kannte, Protonen und Elektronen, schlugen sich die Physiker in den fünfziger Jahren bereits mit einer Schar neuer Elementarteilchen herum.

In den dreißiger, vierziger und fünfziger Jahren wurde das klassisch-deterministische Weltbild der Physiker durch die Entwicklung in der Quantentheorie gewissermaßen aus den Angeln gehoben.

Während Einstein Pionier der ersten Theorie war, der Relativitätstheorie mit Gravitation und elektromagnetischer Kraft im Mittelpunkt, wurde der Grundstein zum Verständnis der Materie von einer zweiten Theorie gelegt. Nämlich von der Quantenmechanik, welche die Welt subatomarer Phänomene behandelt und die vor allem von dem genialen Physiker Werner Heisenberg (1901–1976) ausgearbeitet wurde. Den wesentlichen Teil der Quantenmechanik formulierte er bereits als Vierundzwanzigjähriger, und er erhielt bereits im Alter von 31 Jahren den Nobelpreis für Physik. Aber ins Leben gerufen wurde die Quantentheorie schon im Jahr 1900 von einem weiteren Nobelpreisträger, Max Planck (1858–1947).

Durch die Quantenmechanik wurde deutlich, dass eine allein auf Ursache und Wirkung abgestimmte mechanistische Denkweise zum Verständnis der Natur und ihrer Zusammenhänge nicht mehr ausreichte. Heisenberg veranschaulichte durch seine Unschärferelation, dass bestimmte komplementäre Eigenschaften eines Teilchens, wie zum Beispiel Standort und Geschwindigkeit, beziehungsweise Lage und Impuls, nicht gleichzeitig bestimmt werden können. Eines von beiden muss bekannt sein, damit das jeweils komplementäre ermittelt werden kann. Ein weiterer wichtiger Gesichtspunkt der Unschärferelation ist die Erkenntnis, dass Beobachter und zu beobachtendes Objekt unlösbar verbunden sind. Mit anderen Worten: Es ist sinnlos, ein Phänomen zu bestimmen, ohne den Beobachter mit seinen Messinstrumenten als entscheidenden Faktor einzubeziehen.

Im Bereich der subatomaren Welt ist alles so klein und schnell, so unscharf, dass materielle Konzepte ihre Bedeutung verlieren. Der Mikrokosmos stellt eine Welt der Wellenfunktionen und Wahrscheinlichkeiten dar, weil beispielsweise die Verhaltensweisen eines Elektrons nicht vorausbestimmt werden können. Die Relativitätstheorie setzt sich mit Sternen, Galaxien und der Raum-Zeit erfolgreich auseinander. Die Quantenmechanik wiederum erforscht die Welt der Elementarteilchen, der Neutronen, Protonen und Atome.

Für die nach einer Weltformel strebenden Physiker bestand und besteht das größte Problem immer noch darin, dass diese beiden genialen Theorien sozusagen nicht miteinander auskommen, kompatibel sind. Sie sind mit zwei futterneidischen Hunden zu vergleichen, die sich wegen eines Knochens in den Haaren liegen. Der Knochen, um den es geht, ist die Gravitation. Einstein hat sich in den letzten dreißig Jahren seines Lebens vergebens darum bemüht, Gravitation und Licht »unter einen Hut zu bringen«, das heißt, in einer Theorie zu vereinen.

Als er sich mit den Phänomenen Raumzeit und Gravitation befasste, erkannte Einstein sehr schnell, dass ihm hier die Geometrie des großen griechischen Mathematikers Euklid von Alexandrien (300 v. Chr.) nicht weiterhalf. Denn bei dieser Geometrie gibt es zu einer Geraden nur eine durch einen bestimmten Punkt gehende Parallele. Auf seiner Suche nach neuen Maßstäben, um die vierdimensionale, gekrümmte

Raumzeit erfassen zu können, griff Einstein auf die ihm von seinem Freund, dem Mathematiker Marcel Großmann, empfohlene Riemannsche Geometrie zurück, in der es keine Parallel-Linien gibt. Schon 1854 hatte der bedeutende Mathematiker Georg Friedrich Bernhard Riemann (1826–1866) eine Geometrie für gekrümmte Flächen entwickelt, bei der die kürzeste Verbindung zwischen zwei Punkten eine so genannte geodätische Linie ist und keine Gerade.

Die allgemeine Relativitätstheorie führte unter anderem zum Konzept der durch den Zusammenbruch massereicher Sterne entstehenden Schwarzen Löcher und des *Big Bang* – des Urknalls, vor zirka 15 Milliarden Jahren.

»Die Relativitätstheorie enthüllt das Geheimnis der Energie, der Schwerkraft und der Raumzeit; die andere dominierende Theorie des 20. Jahrhunderts, die Quantenmechanik, ist dagegen eine Theorie der Materie. Kurz gesagt, sie beschreibt die Atomphysik, indem sie die dualen Konzepte von Wellen und Teilchen miteinander verknüpft. Einstein war aber im Gegensatz zu den Physikern der heutigen Zeit nicht klar, dass der Schlüssel zu einer einheitlichen Feldtheorie in der Verbindung von Relativitätstheorie und Quantenmechanik liegt. Er war Meister im Erkennen des Wesens der Naturkräfte. Seine Schwäche lag aber in seinem mangelnden Verständnis der Materie, insbesondere der Atomkerne«, stellen der Harvard-Professor für theoretische Physik Michio Kaku und die Journalistin Jennifer Trainer in ihrem Buch *Jenseits von Einstein* fest.

In den vergangenen Dekaden entstand das so genannte Standardmodell der Elementarteilchen und -kräfte. Es geht von so genannten Quantenfeldern, Spannungen im Raum, aus. Jede Art von Elementarteilchen hat ihr eigenes Feld, wobei die Teilchen, beziehungsweise Quanten, als Manifestation dieser Felder erscheinen. So verkörpern beispielsweise die Quanten des elektromagnetischen Feldes die Lichtteilchen – die Photonen.

Durch Experimente mit Beschleunigern, wie zum Beispiel dem Elektron-Positron-Beschleuniger von CERN (Europäisches Kernforschungszentrum bei Genf), wo Protonen mit enormer Energie beschleunigt werden, entstand ein ganzer Zoo exotischer Teilchen. Viele dieser Teilchen waren so kurzlebig, dass sie nur den trillionsten Teil einer trillionstel Sekunde überlebten, bevor sie sich wieder verwandelten. Aber sie hatten immerhin genügend Substanz, um ihnen Masse, Ladung und Spin (Drehung) zuordnen zu können. Die etwas länger überlebenden Teilchen – wobei länger in diesem Zusammenhang eine billionstel Sekunde bedeutet – stufte der amerikanische Physiker Murray Gell-Mann unter dem Begriff »strangeness« ein. Es gelang ihm, viele dieser neuen Teilchen je nach Masse, Ladung und »strangeness« in geometrische Muster achtfacher Anordnung aufzuteilen. Gleichzeitig waren diese Muster aber auch ein Hinweis darauf, dass diese Teilchen nicht wirklich elementar waren, sondern sich aus noch kleineren Fundamentalteilchen zusammensetzten. Gell-Mann und sein Kollege George Zweig nannten diese subnuklearen Fundamentalteilchen Quarks. Gell-Mann gelang es, durch die richtige Kombination von drei Quarks, die in zwei unterschiedlichen Varianten existieren, praktisch sämtliche in den Laboratorien gefundenen Teilchen zu beschreiben. Für seine Beiträge zur Physik der starken Wechselwirkungen wurde Gell-Mann 1969 mit dem Nobelpreis ausgezeichnet.

Der schweizerisch-amerikanische Physiker Wolfgang Pauli hatte bereits 1931 aufgrund von Untersuchungen der so genannten Beta-Strahlung ein weiteres subatomares Teilchen, das so genannte Neutrino, vorausgesagt. Noch früher, 1924, hatte er sein Ausschließungsprinzip postuliert, demzufolge jeweils nur zwei Elektronen mit entgegengesetztem Spin auf derselben Bahn existieren können. Für dieses Prinzip erhielt Pauli 1945 den Nobelpreis.

Nach dem Standardmodell gibt es zwei Arten von Teilchen: die Quarks und die in drei Teilchenfamilien aufzuteilenden Leptonen, nämlich Elektronen, Elektron-Neutrinos, Myonen, Myon-Neutrinos, Taus und Taus-Neutrinos.

Zudem existieren verschiedene Arten von Quarks, die so genannten »up and down«-Quarks, aus denen die Protonen und Neutronen, also auch die Atomkerne bestehen. Rein symbolisch werden ihnen zur Kennzeichnung Farben zugeteilt, meist Weiß, Rot und Blau. Was ihre Kräfte anbelangt, weisen sie eine genaue Symmetrie auf; so entspricht beispielsweise die Kraft zwischen zwei roten Quarks derjenigen von zwei blauen Quarks. Innerhalb der Protonen werden die Quarks durch so genannte Gluonenfelder (engl. glue = Klebstoff) miteinander verklebt. Die Theorie dieser Kräfte und Farben wird *Quantenchromodynamik* genannt.

Dem amerikanischen Elementarphysiker Prof. Steven Weinberg gelang 1967 ein Durchbruch auf dem Weg zur Weltformel. Er und zwei seiner Kollegen, Abdus Salam und Weinbergs ehemaliger Klassenkamerad Sheldon Glashow, wurden dafür mit dem Nobelpreis ausgezeichnet. Denn dem Trio war es gelungen, die elektromagnetische Kraft mit der schwachen Wechselwirkung zu vereinen.

Geburt aus dem Nichts

Als die Astronomen John Huchra und Margaret Geller vom Harvard Smithsonian Center for Astrophysics in Cambridge, USA, in den achtziger Jahren ihre Himmelsdurchmusterung durchführten, stießen sie in einigen Millionen Lichtjahren Entfernung auf immer größere Materiestrukturen – Groß- strukturen, die sich aus flächig angeordneten Haufen und Galaxien-Superhaufen zusammensetzen. Diese erstaunliche Tatsache wurde auch von Will Saunders und seinen Mitarbei- tern vom Department of Astrophysics in Oxford, England, mit Hilfe des »Infrared Astronomical Satellite« (IRAS) bestä- tigt. Die Untersuchungen der Galaxienverteilung in bis zu 500 Millionen Lichtjahren Entfernung brachten das eindeu- tige Ergebnis, dass weitaus mehr ausgeprägte Großstruktu- ren existieren, als nach den Standardmodellen anzunehmen war. Von besonderer Faszination war die Entdeckung, dass Hunderte von Galaxien, die Milchstraße eingeschlossen, einem bestimmten Punkt im Raum zustreben – nämlich den Konstellationen Hydra und Centaurus. Diese wiederum wer- den von einem anderen, weit entfernten Objekt angezogen, möglicherweise von einem Galaxien-Superhaufen, dem so genannten Great Attractor (galaktischer Attraktor).

»Die Jahrhundertentdeckung, wenn nicht die aller Zei- ten«, wie Steven W. Hawking meint, gelang dem Cosmic Background Explorer Satelliten (COBE). Wie es in manchen Meldungen hieß, hatte COBE »einen Schnappschuss vom Ur- knall« zur Erde gefunkt.

Bereits in den vierziger Jahren hatte der Physiker Georg Gamow vorausgesagt, dass das Echo beziehungsweise die Reststrahlung des Urknalls vor zirka 15 Milliarden Jahren eines Tages bestätigt werden würde – was dann auch 1965 durch zwei Physiker der Bell Telefone Laboratories, Arno Penzias und Robert Wilson, in Holmdel, New Jersey, geschah. Das, was in ihrer Radio-Hornantenne als lästige Störung zu hören war, sollte ihnen 1978 den Nobelpreis bescheren: Die von ihnen gemessene kosmische Hintergrundstrahlung von drei Kelvin (damals: drei Grad Kelvin) gilt bis heute als über-zeugendster Hinweis auf den Urknall. Denn sie wird als ab-gekühlte Reststrahlung des *Big Bang* gedeutet.

In der homogen auftretenden Hintergrundstrahlung regi-strierte der COBE-Satellit kleine Fluktuationen, die gewisser-maßen das Echo des Urknalls darstellen.

Alan Guth vom Massachusetts Institute of Technology, Paul Steinhardt und Andreas Albrecht von der University of Pennsylvania und der russische Physiker Andrej Linde sind allerdings davon überzeugt, dass dem »Urknall« eine so genannte Inflationsphase, eine Phase raschen Aufblähens, vorangegangen war. Nach dieser Modellvorstellung war das winzige Ur-Universum anfangs zehndimensional. Durch einen Quantensprung wurde das Universum in einen niedri-geren Energiezustand versetzt. Der ursprünglichen Inflation folgte dann ein immenser Explosionsprozess, der zwar den Zusammenbruch der Symmetrie und der zehndimensiona-len Raumzeit bewirkte, aber gleichzeitig die Inflation voran-trieb. Dieser Theorie zufolge wäre der Urknall lediglich ein Sekundäreffekt. Mit der Ausdehnung nach dem *Big Bang* und der darauf folgenden Abkühlung spaltete sich die einzig vorhandene Superkraft in die uns heute bekannten Natur-kräfte.

Für den Russen Andrej Linde von der Kalifornischen Stan-ford University ist unser Universum – unsere kosmische Blase – kein Einzelfall. Seiner »Chaotischen Inflation« zufolge ist sie vielmehr in ein größeres Universum eingebettet, das zwar nicht direkt wahrzunehmen ist, in dem aber noch viele andere Blasen vorhanden sein könnten. Sie entstehen dort wie in einem vor Energie nur so sprudelnden Schaumbad. Einige blähen sich auf, andere fallen wieder in sich zusammen. In weiteren, wie unserer eigenen, kommt die ruckartige Inflation zum Stillstand und wandelt sich zu einem Glutball, um dann als *Big Bang* in blendendem Licht zu explodieren. Im restlichen, dem größeren Teil des überdimensionalen Mega-Universums nimmt dagegen die inflationäre Aufblähung ihren Fortgang.

Linde kommt also zu dem Ergebnis, dass dieses übergeordnete All aus ständig in Aufruhr befindlichem Raumzeit-Schaum sich unentwegt in Form neu entstehender und wieder zusammenbrechender Mini-Universen reproduziert.

Eines unter diesen vielen Mini-Universen ist unser vierzig Milliarden Lichtjahre großer Kosmos. So bilden sich unaufhörlich neue Universen, die so stark differieren können, dass sie nicht nur anderen physikalischen Gesetzen unterworfen sind, sondern auch mehr beziehungsweise weniger Dimensionen haben können als unser Universum.

Wie viele andere Kosmologen meint auch Linde, schon kurz nach dem Urknall von Raum und Zeit zu sprechen, sei unsinnig, da beides noch nicht existiert habe. Seiner Ansicht nach träfe in diesem Stadium viel eher die Vorstellung eines aus Raum und Zeit bestehenden fluktuierenden, überall vorhandenen, zufälligen Schwankungen unterworfenen »Schaums« zu, der zu Beginn in chaotischer Unordnung verteilt war.

Bestimmte Gegebenheiten könnten sozusagen zum teilweisen »Einfrieren« einer solchen Fluktuation geführt haben. Aus diesem Teil würde dann ein neues Universum entstehen, während der übrige Teil unentwegt weiterwachse, neue Fluktuationen erzeuge, aus denen auch wieder neue Universen entstehen könnten.

Solch ein neues Universum tauche aus dem »Raumzeitschaum« wie eine hochgepeitschte Blase auf, die von der abstoßenden Kraft zufällig aufgebläht wurde, und damit würden Raum und Zeit existieren. Das Mega-All wäre also eine Ansammlung unzähliger Mini-Universen, sozusagen ein *Multiversum*.

»Bisher war vor dem Urknall das Nichts, danach alles. Jetzt ist die Annahme hinfällig, dass es ein einmaliges, aus dem Nichts entstandenes Universum gibt, das den Beginn aller Raumzeit verkörpert«, erklärt Linde mir sein Modell.

Wie wäre es nach diesem Modell mit den Mini-Universen? Müsste es da nicht zu Kollisionen kommen? Wir können uns kaum vorstellen, dass hier keine Gefahr besteht. Doch nach der Allgemeinen Relativitätstheorie dehnen sie sich räumlich tatsächlich nicht auf Kosten ihrer Nachbarn aus. Ganz im Gegenteil. Unabhängig davon, was ringsum geschieht, expandiert nur ihr eigener Raum. Aus diesem Grund können Mini-Universen nicht zusammenstoßen.

Woher aber kam das Mega-Universum, in dem wir also nur eine kleine »Blase« bewohnen – vielleicht nur eine von vielen? Dazu können auch die Physiker keine genauen Informationen geben.

So ist die eigentliche Frage nach der Schöpfung wieder nicht beantwortet, sie wurde nur unter den Teppich des Mega-Universums gekehrt. Vielleicht ist auch der Begriff »Schöpfung« falsch. Was gab es schon außer Rohmaterial, damals, beim Urknall?

Der Urknall hat sicher einem rudimentären Universum zur Existenz verholfen. Aber keineswegs hat der frühe Kosmos schon alle Spuren unserer raffiniert geordneten Welt in sich getragen. Der Kreationsprozess dauert an. Das Universum hat nie aufgehört, schöpferisch zu sein.

Wissenschaftler, die sich mit dem Anfang und der Entwicklung des Universums befassen, machen sich natürlich auch Gedanken über sein mögliches Ende. Ob sich das Universum bis in alle Ewigkeit ausdehnt oder nicht, hängt nach der Allgemeinen Relativitätstheorie von der vorhandenen Masse ab. Denn obwohl die Galaxienhaufen durch die Expansion einander entfliehen, ist es die Frage, ob ihre Geschwindigkeit letztlich ausreicht, um sich aus der gegenseitigen Schwerkraft zu lösen oder ob sie wie ein hochgeworfener Stein an einen bestimmten Punkt zurückfallen, also umkehren.

Unter diesen Umständen würde nämlich der durch die Schwerkraft abgebremste Expansionsprozess langsamer, würde sich umkehren und das Universum schließlich zum Schwarzen Loch kollabieren.

Vier Astronomen – Richard Gott III und James Gunn vom California Institute of Technology sowie N. Schramm und Beatrice Tinsley von der University of Texas – veröffentlichten eine ausführliche Arbeit darüber, dass unser Universum offen ist und für immer und ewig weiterexpandieren wird. Ihrem Beweismaterial nach, das sich auf Arbeiten von 64 Astronomen gründet, hängt das weitere Schicksal des Universums von seiner Materiedichte ab.

Mit einem offenen Universum ist ein »sattelförmiges« gemeint, das sich endlos erstreckt, immer größer und gleichzeitig immer kälter wird. Ein geschlossenes Universum ist dagegen eine Art Superkugel, die zwar endlich ist, aber unbegrenzt.

Die Frage ist nun, ob das Universum genügend Masse

zur Erzeugung von Schwerkraft enthält, um es irgendwann in der Zukunft an der weiteren Expansion zu hindern. Das amerikanische Team errechnete, dass selbst die Gesamtmasse aller Galaxien nicht für ein geschlossenes Universum ausreicht. Obwohl viele kosmische Staub- und Gaswolken zwischen den Galaxien vorhanden sind, würden sie nicht genügen, die Expansion aufzuhalten.

Die Gott-Gruppe überlegte nun, wo die fehlende Masse zu suchen sein könnte. Etwa in Schwarzen Löchern? Obwohl es sehr schwierig ist, in Schwarzen Löchern »verloren gegangene« Masse zu berechnen, hat sich aus überschlägigen Kalkulationen ergeben, dass auch diese Masse die fehlende nicht aufwiegen würde. Selbst durch die Addition von Schwarzen Minilöchern, Schwarzen Superlöchern in Kugelhaufen und den Zentren vieler Galaxien reicht es immer noch nicht. Davon ganz abgesehen, taucht diese Masse wahrscheinlich sowieso in Weißen Löchern wieder auf.

Viele Kosmologen tendieren aus all diesen Erwägungen heraus zu einem offenen Universum. Aber welches Schicksal wäre dem Universum dann in ferner Zukunft beschieden? Ein Albtraum!

Wenn auch das Universum immer größer und leerer würde, weil sich die Galaxien ständig weiter voneinander entfernen, blieben die Sternensysteme selbst für sehr lange Zeit unverändert, da sie von der Gravitation zusammengehalten werden. Doch nichtsdestoweniger gingen sie einem schrecklichen Schicksal entgegen. Sterne, die sich heute bilden, würden in 10^{14} Jahren verlöschen und schließlich zu Schwarzen Zwergen, Neutronensternen oder gar Schwarzen Löchern werden. Materie, aus der sich neue Sternengenerationen bilden können, gäbe es nicht mehr.

Unsere Sonne, die Sterne, ja die ganze Milchstraße und

andere Sternensysteme würden langsam verlöschen, das Weltall in Schwärze tauchen.

Aber selbst in diesem Universum gäbe es noch eine Weiterentwicklung. Nach 10^{64} Jahren würden sich die Galaxien auflösen, und ihre Strahlung würde auf den absoluten Nullpunkt absinken. Supermassive Schwarze Löcher, Neutronensterne und Schwarze Zwerge trieben zwischen intergalaktischem Staub und Gas in vollkommener Finsternis dahin. Im Laufe der Zeit vollzöge sich eine Kernfusion aller Elemente zu schweren Atomen, bis das Element Eisen als Letztes erreicht wäre. Dagegen sind alle schwereren Elemente als Eisen, selbst wenn sie als »stabil« betrachtet werden, letztlich radioaktiv. Sie spalten sich oder geben Alpha-Partikel ab, bis nur noch Eisen übrig bleibt. Der Princeton-Physiker Freeman Dyson errechnete die Halbwertszeit von Eisen mit etwa 10^{500} Jahren (ganz richtig, eine 1 mit 500 Nullen). Wenn wir aber noch ein wenig länger warten, sagen wir 10^{600} Jahre, wäre diese Zeitspanne ausreichend, um auch noch die restlichen Sterne zerfallen zu lassen, alle Materie in nuklearen Staub aufzulösen, ausgenommen die der Neutronensterne und der Schwarzen Löcher. Aber selbst die großen Schwarzen Löcher würden nach unvorstellbar langer Zeit schließlich zerstrahlen. Leben gäbe es in diesem kalten, trostlosen Universum wohl schon lange nicht mehr.

Zusammenfassend kann also die Frage nach dem Anfang des Universums, seinem Alter und seiner Zusammensetzung dem derzeitigen Wissensstand nach folgendermaßen beantwortet werden: Unser Universum ist aus reiner Energie mit dem Urknall zur Stunde Null vor rund 15 bis 20 Milliarden Jahren entstanden und war kleiner als ein Atomkern. In seiner »Energieverteilung« existierten Unregelmäßigkeiten. Nach dem Big Bang dehnte es sich in weniger als einer billionstel Sekunde mit Überlichtgeschwindigkeit schlagartig aus. Ein Prozess, der als Inflationsphase bezeichnet wird und in dessen Verlauf die Unregelmäßigkeiten entsprechend wuchsen und zur »Saat« der Galaxien wurden. Diese Unregelmäßigkeiten konnten in der Hintergrundstrahlung – dem so genannten Echo des Urknalls – durch den COBE-Stelliten registriert werden. Mit der Ausdehnung des Universums kondensierte ein Teil der Energie zu Elementarteilchen und allmählich auch zu Atomen. Durch die Unregelmäßigkeiten in der Inflationsphase verteilten sich die Materiewolken, aus denen später die Galaxien entstanden, unregelmäßig.

Wie sieht nun die ferne Zukunft für unser Universum (wahrscheinlich existieren auch noch andere) aus? Leere. Gähnende Leere. Jedenfalls soll es sich nach den heutigen kosmologischen Vorstellungen immer schneller ausweiten, die Abstände zwischen den Sternensystemen immer größer werden, bis hin zur unendlichen Leere.

Andere Welten

Der britische Astronom David Hughes aus Sheffield hat ein Formelwerk erarbeitet, wonach allein in unserer Milchstraße jeder vierundzwanzigste Stern von Planeten begleitet wird. Hughes schließt daraus auf eine hohe Anzahl erdähnlicher Planeten. Auch der Direktor des Max-Planck-Instituts für Astronomie in Heidelberg, Steven Beckwith, meint, dass es Planeten mit lebensfreundlichen Bedingungen im Überfluss gibt.

Das Jet Propulsion Laboratory im kalifornischen Pasadena hat Hinweise, dass in den Sternbildern Stier und Fuhrmann junge Sonnen vermutlich von Planeten umkreist werden. Jedenfalls sprechen Infrarotmessungen dafür. Übrigens hat IRAS schon vor einigen Jahren um den Stern Beta Pictoris eine Gas- und Staubwolke, eine so genannte Planetenbrut, geortet. Richard Terrile, der den protoplanetarischen Beta-Pictoris-Nebel auch optisch nachgewiesen hat, behauptete, dass sich um diesen Stern Planeten bilden – so, wie sich dereinst die inneren Planeten unseres Sonnensystems Merkur, Venus, Erde und Mars formten. David Hughes, der in komplizierten Computer-Simulationsverfahren zahlreiche Varianten der Planetenbildung durchgespielt hat, kommt durch seine Formel zu dem Ergebnis, dass in unserer aus 100 bis 200 Milliarden Sternen bestehenden Milchstraße mindestens 60 Milliarden Planeten um Sonnen kreisen. Darunter wenigstens vier Milliarden erdähnliche mit einer lebensfördernden Ökosphäre.

Im Jahr 1992 ist es den amerikanischen Wissenschaftlern Aleksander Wolszczan und Dale Frail gelungen, in einer Entfernung von 1300 Lichtjahren zwei planetenähnliche Himmelskörper von etwa der dreifachen Größe der Erde im Gefolge des Pulsars PSR 1257–12 zu orten. Und neuesten Daten zufolge ist der uns nächstgelegene Kandidat für ein Planetensystem der 11,8 Lichtjahre entfernte sonnenähnliche Stern Epsilon Eridani. Er liegt im Sternbild Eridanus, der Fluss. Der Sage nach fuhren Jason und seine Gefährten auf dem Schiff Argo diesen Fluss hinunter, auf der Suche nach dem Goldenen Vlies.

Die Ursubstanz allen irdischen Lebens entstammt den Sternen, die Garzeit all dieser Bausteine des Lebens nahm etwa zehn Milliarden Jahre in Anspruch. Auf unserem Planeten war eine bestimmte Zusammensetzung dieser Bausteine für eine Fülle unterschiedlicher Lebensformen verantwortlich.

Das Material, aus dem Leben besteht, ist also Sternenstaub, der sich in den interstellaren Gas- und Staubwolken sammelt. Durch Reaktionen miteinander entstehen die Bausteine des Lebens. Astronomen haben mehr als siebzig unterschiedliche organische Moleküle in den interstellaren Wolken entdeckt.

Das Phänomen der Lebensentstehung ist wesentlich problematischer, als noch in den fünfziger Jahren des 20. Jahrhunderts angenommen wurde. Die Vorstellung, dass auf der jungen Erde in einer Art Ursuppe chemische Verbindungen herumgeschwommen sind, um sich schließlich rein zufällig zu einem Lebensverbund zusammenzuschließen, hält kritischer Überprüfung nicht stand. Die Euphorie, den Prozess der Lebensentstehung entdeckt zu haben, ging auf Experimente des amerikanischen Biochemikers Stanley Miller zurück. Um die irdische Uratmosphäre zu simulieren, mixte dieser 1953 Wasser, Wasserstoff, Methan und Ammoniak in einem Glaskolben und setzte dieses Gebräu künstlich erzeugten Blitzen aus. Tatsächlich entstanden durch diesen Prozess organische Moleküle, darunter auch Aminosäuren, die Bausteine des Lebens. Aber diese Bausteine, die ja auch in interstellaren Gas- und Staubwolken vorhanden sind, haben nicht das Geringste mit dem Wunder Leben zu tun. Denn die Entstehung der reduplikationsfähigen Substanz, des genetischen Codes DNS, zum Fortbestand, zur Vermehrung und Differenzierung des Lebens, ist damit längst nicht geklärt. Die Hypothese, dass die Bausteine des Lebens wie Buchstaben in einer Lostrommel durcheinander geschüttelt worden sind, um sich sozusagen zu einem riesigen, sinnvollen Computerprogramm zu formieren, dazu noch in recht kurzer Zeit, ist geradezu absurd. Denn vor 3,8 Milliarden Jahren, also relativ schnell nach der Entstehung der Erde, war auf unserem Planeten bereits Leben vorhanden. Es ist daher nicht überraschend, dass Computersimulationen den Zufallsfaktor für die Lebensentstehung auf der Erde wegen Zeitmangels ausschließen. Aber wenn es kein Zufall war, was dann?

Existiert so etwas wie eine Schöpfungsstrategie, eine Weltformel für die Lebensentstehung? Vielleicht liegt die Antwort auf diese Frage in der Chaostheorie. Denn danach können die kleinsten Veränderungen, die Fluktuationen, einschneidende Auswirkungen auf ein ganzes System haben und gleichzeitig neue Systeme entstehen lassen. Die Chaosforschung beweist aber auch, dass es im Grunde keine isolierten Systeme gibt, sondern alles miteinander verbunden, vernetzt ist. Vor allem aber wird der Nachweis dafür erbracht, dass hinter anscheinend chaotischem Zufallsgeschehen eine höhere Ordnung steckt – wenn man so will, ein deterministisches Chaos. Leben, wie alle anderen Systeme, setzt sich hier aus so genannten Fraktalen zusammen, den Bausteinen des

Chaos. Doch auch das Chaos hat Methode; mit anderen Worten: Der Zufall hat Methode.

Möglicherweise entstehen bereits in den interstellaren Gas- und Staubwolken Lebenskeime, die dann durch Kometen auf Planeten gelangen. In der Milchstraße gibt es in der Tat unzählige Kometen, von denen immer wieder einige in den inneren Bereich unseres Sonnensystems geraten, wo dann hin und wieder ein größerer mit einem Planeten kollidiert.

Der lange im englischen Cambridge forschende Astrophysiker Fred Hoyle und sein Kollege Chandra Wickramasinghe vertreten die Hypothese, dass Mikroorganismen aus dem All durch Kometen zur Erde transportiert worden sind. Ihrer Schätzung nach ist auf unserer Milchstraße eine Gesamtmasse von 10^{33} Tonnen Mikroorganismen verteilt, die dort bei einer Temperatur von 30 Kelvin über dem absoluten Nullpunkt (−273,16°C), sozusagen in der Tiefkühltruhe Weltraum, ihrer »Bestimmung« harren.

Wenn dieser Prozess des Lebenstransports auf die Erde zutrifft, würde er sich auf anderen Planeten in anderen Sonnensystemen in ähnlicher Weise abspielen. So kann sich Leben auf Planeten mit geeigneter Größe beziehungsweise Schwerkraft sowie dem richtigen Abstand von ihrer Sonne, also mit einer ausreichenden Ökosphäre, entfalten. Wie schon erwähnt, müsste dies nach neuesten Berechnungen sehr häufig der Fall sein, und damit dürfte auf vielen Welten in unserer Milchstraße in anderen Planetensystemen Leben beheimatet sein.

Der Jesuit und Paläontologe Pierre Teilhard de Chardin glaubte, dass das gesamte Universum von Beginn an bis in alle Zukunft ein in der Entstehung befindliches einheitliches Muster aufzeigt. Seiner Meinung nach ist das herausragende Merkmal des kosmischen Geschehens die Tendenz zu wachsender Komplexität. Kleine Einheiten haben die Neigung, sich zu größeren Strukturen zu verbinden, um in der Vielfalt eine Einheit herzustellen, die schrittweise neue Möglichkeiten erschließt. So führte die Evolution des Anorganischen hin zu komplexeren organischen Molekülen und endlich zum lebenden Organismus. Diese Höherentwicklung zu immer komplexeren Systemen vollzieht sich gänzlich ohne göttlichen Einfluss, meint Teilhard de Chardin. Sie sei das Resultat zunehmender Komplexität innerhalb der Materie selbst. Diese habe von Natur aus eine Beschaffenheit, die zu immer höheren Formebenen strebe, bis hin zum Menschen und darüber hinaus.

Der führende amerikanische Evolutionstheoretiker Steven Jay Gould betrachtet dagegen den Zufall als »Vater aller Dinge«. Für ihn ist der Mensch das Ergebnis einer Geschichte aus Wahrscheinlichkeiten. Der Homo sapiens ist eine Entität, keine Tendenz, behauptet er. »Der göttliche Bandabspieler besitzt viele Millionen Szenarien, und jedes ist vollkommen schlüssig. Kleine Verrücktheiten zu Beginn, ohne besonderen Grund, lösen Kaskaden von Folgen aus, die eine bestimmte Zukunft im Rückblick als unausweichlich erscheinen lassen. Doch es genügt ein ganz kleiner Stupser zu Anfang, und eine andere Rille wird berührt, die Geschichte schlägt einen anderen plausiblen Weg ein, der stetig vom ursprünglichen Verlauf fortführt. Die Endresultate sind so verschieden, die anfängliche Störung ist scheinbar so unbedeutend... und so können wir, was uns betrifft, wohl nur ausrufen: O schöne – und wahrscheinliche – neue Welt, die solche Menschen hat!«, schreibt Gould in seinem Buch *Zufall Mensch*.

In der Entwicklungsgeschichte des Lebens bedeuteten multizellulare Organismen und geschlechtliche Fortpflanzung eine Ausweitung der evolutionären Vielfalt.

Die fossilen Funde aus den vergangenen 600 Millionen Jahren legen Zeugnis davon ab, dass die Evolution auch durch Umweltveränderungen gesteuert worden ist. Erdbeben, Vulkanausbrüche, klimatische Veränderungen, Eiszeiten, Kometen- und Asteroideneinschläge haben ganze Arten ausgelöscht und durch eine noch größere Vielfalt ersetzt. Aber während dieser ganzen Entwicklungsphase hat zumindest die neurophysiologische Komplexität einiger Spezies ständig zugenommen. Bedauerlicherweise sagen fossile Funde aber nichts aus über die Zwangsläufigkeit der Entstehung von Intelligenz. Es hat allerdings den Anschein, als sei sie im Überlebenskampf von Vorteil. Bei unseren Vorfahren scheint die Verbindung zwischen geschickten Händen und Intelligenz zur Herstellung von Werkzeugen geführt zu haben. Und die Anwendung von Werkzeugen sowie fortschreitende kulturelle Evolution führten zur Entwicklung einer Technologie, mit deren Hilfe sich die Umwelt verändern ließ. In den vergangenen zehntausend Jahren haben wir gelernt, das Land zu kultivieren, aber auch zu schreiben. Und in den letzten hundert Jahren haben wir die Fähigkeit erlangt, mit Lichtgeschwindigkeit zu kommunizieren. Warum sollten sich solche Prozesse der Höherentwicklung nicht auch bei extraterrestrischen Lebensformen vollzogen haben?

Es ist daher kaum vorstellbar, dass wir die einzigen Wesen im Kosmos sein sollen. Allein in unserem Sternensystem, der Milchstraße, bewegen sich rund 200 Milliarden Sterne in spiralförmigen Bahnen. Milliarden davon lassen sich in Größe und Temperatur nicht von unserer Sonne unterscheiden. In einer Studie über neugeborene Sterne im Orion-Nebel wird von einer Entdeckung des Hubble-Weltraumteleskopes berichtet, nach der fast die Hälfte der entstehenden Sterne eine sie umkreisende Materiescheibe mit sich führt, die darauf hindeutet, dass es sich um entstehende Planeten handelt. Danach gäbe es Hunderte von Milliarden Planetensysteme in unserer Galaxie, und viele von ihnen sind für die Entstehung von Leben geeignet.

Am 5. Juli 1998 machte der australische Astronom Bruce Peterson durch eine Art interstellare Rasterfahndung mit Hilfe des tonnenschweren 1,9-Meter-Teleskops des Mount-Stromlo-Observatoriums bei Canberra in Australien eine Entdeckung: einen erdähnlichen Planeten, den Stern 305367462411, im Zentrum der Milchstraße. »Offenbar haben wir zum ersten Mal einen erdähnlichen Planeten außerhalb unseres Sonnensystems ausfindig gemacht«, sagte der Astronom erfreut. »Nachdem die Oberflächentemperatur dieses Planeten der irdischen gleicht, ist es durchaus möglich, dass dort irgendwelches Leben entstanden ist.«

Im April 1999 fanden US-Wissenschaftler heraus, dass die mit bloßem Auge sichtbare, nur 44 Lichtjahre entfernte Nachbarsonne Ypsilon Andromeda gleich drei Planeten mit sich führt. Damit wäre das erste Mal ein ganzes Planetensystem in Begleitung eines sonnenähnlichen Sterns gesichtet worden.

In letzter Zeit ist nach verblüffter Kenntnisnahme von Geologen und Biologen die Entstehung von Leben also viel wahrscheinlicher, als frühere Vermutungen gestatten. Aktuellen Daten zufolge bildeten sich die ersten biologisch aktiven Moleküle bereits einige 100 Millionen Jahre nach der Geburt der Erde aus einer rotierenden Materiescheibe. Dazu stellte der belgische Zellbiologe und Nobelpreisträger Christian de Duve fest: »Sobald irgendwo ähnliche Bedingungen wie auf der Erde gegeben sind, bildet sich fast zwangsläufig Leben.«

Ein derartiger Entstehungsprozess von Planetensystemen ist allem Anschein nach ein alltäglicher Vorgang. So hat beispielsweise der Satellit IRAS protoplanetarische Urnebel um relativ nahe gelegene Sterne nachgewiesen.

Mit diesen sensationellen Entdeckungen ist natürlich auch die Wahrscheinlichkeit für außerirdisches und vor allem intelligentes Leben gestiegen!

Professor Frank Drake, der an der University of California in Santa Cruz neben anderen Verpflichtungen auch noch einen Lehrstuhl für Astronomie innehat, geht einer möglichen Kontaktaufnahme mit fremden Intelligenzen seit 40 Jahren nach.

Jedenfalls haben Drake und seine Kollegen die wesentlichen Voraussetzungen für eine erfolgversprechende Verbindungsaufnahme mit außerirdischer Intelligenz in acht Faktoren und in der so genannten Drake-Formel zusammengefasst: $N = R_s \times f_p \times n_e \times f_l \times f_i \times f_c \times L$

1. Die Anzahl der Zivilisationen in der Milchstraße, die gegenwärtig zu einer Kommunikationsaufnahme mit Zivilisationen in anderen Sonnensystemen in der Lage wären: N

2. Die Geschwindigkeit, mit der sich Sterne wie unsere Sonne in unserer Milchstraße gebildet haben: R_s

3. Der prozentuale Anteil von Sternen und Planeten in der Milchstraße: f_p

4. Die Anzahl der Planeten pro Sonnensystem mit einer lebensfreundlichen Zone: n_e

5. Der Bruchteil lebensfreundlicher Planeten in der Milchstraße, auf denen tatsächlich Leben existiert: f_l

6. Die Anzahl von Lebensformen, die sich zu einer intelligenten Art fortentwickelt haben: f_i

7. Die Anzahl intelligenter Zivilisationen mit einer ausreichenden Technologie, um Botschaften ins All zu senden: f_c

8. Die Lebensdauer technologisch hoch entwickelter Zivilisationen, die Kontakt aufnehmen können: L

Die Drake-Formel besteht also aus astronomischen, biologischen und soziologischen Faktoren. Sie beruht auf der Überlegung, dass auf der Erde Intelligenz und Technologie innerhalb eines verhältnismäßig kurzen Zeitraumes entstanden sind, und zwar in der Lebensmitte der Sonne. Von völligem Unwissen ausgehend, erreichte der Mensch auf dem Gebiet der elektromagnetischen Kommunikation im Verlauf von nur hundert Jahren ein relativ hohes Niveau. Verglichen mit der durchschnittlichen menschlichen Lebensspanne ist das zwar eine sehr lange Zeit, aber in der kosmischen Zeitskala bedeutet es lediglich ein Hundertmillionstel der Lebensdauer einer Galaxie, ein verschwindend geringer Zeitraum.

Bereits 1960 gingen Drake und seine Kollegen davon aus, dass Zivilisationen unterschiedlicher Welten möglicherweise mittels Radiowellen miteinander kommunizieren könnten. So wurde der erste Lauschangriff mit Hilfe des Green-Bank-Radioteleskops in West Virginia ins Leben gerufen. Nachdem sich herausstellte, dass die damalige Technologie leider unzureichend war, wurde das auf der magischen Frequenz von 1420 Megahertz nach außerirdischen Botschaften lauschende Projekt *Oszma* wieder eingestellt.

Am 500. Jahrestag der Entdeckung Amerikas durch Kolumbus am 12. Oktober 1992 wurde dann im Auftrag der NASA von der Astrophysikerin Jill Tarter ein neues Suchprojekt unter der Bezeichnung »High Resolution Microwave Survey« gestartet, bei dem auf allen in Betracht kommenden Frequenzen Tausende von Sternen angepeilt werden sollten. Für dieses Vorhaben waren 58 Millionen US-Dollar vorgesehen. Aber wegen Etatproblemen und mangelnder politischer Unterstützung musste das Vorhaben eingestellt werden.

Jedoch wurde durch Privatinitiative im SETI-Institut in Mountain View das Ersatzprojekt »Phoenix« ins Leben gerufen. Es wird mit Hilfe von Spenden aus der Wirtschaft finanziert. Innerhalb von zehn Jahren soll ein Gebiet abgesucht werden, in dem sich Tausende von unserer Sonne nicht zu weit entfernte Sterne befinden. Jill Tarter, Peter Backus, Seth Shostak und andere Wissenschaftler setzen bei ihrer Suche nicht nur das Arecibo-Radioteleskop in Puerto Rico ein, sondern auch das in Australien stationierte Parkes-Radioteleskop.

Parallel dazu wurde im Sommer 1999 das »SETI@Home«-Projekt gestartet: Hunderttausende von Rechnern können so die Daten des SETI-Radioteleskops in Arecibo auswerten, indem ein spezieller Bildschirmschoner, der auf jedem Windows-, Macintosh- oder UNIX-System installiert werden kann, automatisch ein SETI-Datenpaket vom Server lädt und offline nach Hinweisen auf »intelligente« Signale scannt. Das Programm kann dies übernehmen, wann immer der eigene Rechner eingeschaltet ist. Inzwischen haben sich schon rund 1,5 Millionen freiwillige SETI-Forscher aus aller Welt gemeldet, die am heimischen Computer nach Radiobotschaften außerirdischer Intelligenzen suchen.

»Die Entdeckung intelligenten Lebens außerhalb der Erde würde bedeutende Auswirkungen auf die Menschheit haben«, sagt Drake mir. »Ich bin überzeugt, dass die Mitteilungen außerirdischer Zivilisationen für uns mit ungeheuren Auswirkungen verbunden wären und vielleicht sogar das Überleben der Menschheit garantieren könnten. Zudem ist unser Kostenaufwand für die Entdeckung intelligenter Signale außerirdischer Intelligenzen im Verhältnis so gering, dass sie das größte ›Schnäppchen‹ in der Geschichte der Menschheit wäre.«

Wahrscheinlich sind wir von außerirdischen Zivilisationen längst registriert worden. Schließlich werden auf der Erde seit rund sechzig Jahren ständig Radiowellen ausgestrahlt – Rundfunk- und Fernsehsendungen. »Kein Wunder, dass sie uns meiden«, witzelte ein Wissenschaftler, »bei den Programmen!«

Natürlich kann auch nicht ausgeschlossen werden, so meinen jedenfalls einige wenige Evolutionsbiologen, dass irdisches Leben im Universum einmalig ist – und unser Planet Erde in seiner Art ein Unikat darstellt. Dagegen sprechen allerdings die neuesten astronomischen und exobiologischen Daten.

Intelligenz sowie fundierte wissenschaftliche und technologische Kenntnisse sind die Voraussetzungen für eine hoch entwickelte Zivilisation. Wenn diese Evolutionsstufe erreicht ist, muss allerdings damit gerechnet werden, dass sich eine solche Zivilisation durch maßlose Ausbeutung ihrer Ressourcen, durch Umweltvergiftung, nicht zuletzt auch durch kriegerische Auseinandersetzungen mit raffinierten Vernichtungsmitteln selbst umbringt. So stellt sich die Frage, welche Lebenserwartung Hochkulturen überhaupt haben.

Der deutsche Astrophysiker Sebastian von Hoerner hat die kritische Phase für die Lebensdauer einer Zivilisation mit 4500 Jahren kalkuliert. Überlebt sie diese Zeitspanne, hat sie berechtigte Aussichten, ein sehr hohes Alter zu erreichen. Mit anderen Worten: Entweder kommt eine intelligente Zivilisation durch eigene Schuld um, oder sie überlebt viele Tausende, wenn nicht sogar Millionen Jahre.

Selbst wenn nur ein geringer Prozentsatz höher entwickelter Zivilisationen über die mittlere Reife technologischer Kenntnisse hinauskommen sollte, gäbe es in unserer Milchstraße heute aller Wahrscheinlichkeit nach eine große An-

zahl technologisch hoch entwickelter Zivilisationen. Voraus-
zusetzen sind hier natürlich Milliarden lebensfreundlicher
Planeten, von denen die Entstehung des Lebens mit hoher
Wahrscheinlichkeit abhängt, nicht zuletzt aber Milliarden
von Entwicklungsjahren. Schätzungen in dieser Richtung
sind natürlich ein schwieriges Unterfangen, zudem »streiten
sich auch hier die Geister«.

Drake nimmt jedenfalls an, dass in unserer Milchstraße
eine große Anzahl von Zivilisationen entweder unser Evolu-
tionsstadium erreicht oder überschritten hat. Vorausgesetzt,
diese Zivilisationen wären wahllos über die Milchstraße verteilt, würde die mittlere Entfernung zur nächstgelegenen
etwa 300 Lichtjahre betragen. Deswegen wäre jeder zwischen ihnen und uns zustande kommende Kontakt um
300 Jahre verzögert, und ein einmaliger Frage- und Antwort-
Dialog würde demzufolge 600 Jahre dauern. Das wäre eine
total unbefriedigende, wenn nicht gar illusorische Ge-
sprächssituation.

Schneller als das Licht

Wenn wir die Entfernungen innerhalb unseres Sonnensystems in Erwägung ziehen, liegt es im Bereich der Möglichkeiten, mit bemannten Landungen auf unseren Nachbarplaneten rechnen zu können.

Aber schon der nächstgelegene Nachbarstern ist mit seinen etwas über vier Lichtjahren Entfernung für eine bemannte Landung im Rahmen unserer heutigen Technologie hoffnungslos unerreichbar.

Viele unter uns hörten sicher zu ihrem Erstaunen, dass einige unserer Raumschiffe eine Geschwindigkeit von fast 60 000 Stundenkilometern erreichen. Doch auch bei dieser Geschwindigkeit würde es immer noch ungefähr 20 000 Jahre dauern, um zu unserem nächsten Nachbarstern zu gelangen.

Unter diesen Umständen ist es offensichtlich, dass wir unvergleichlich höhere Geschwindigkeiten benötigen, um andere Planetensysteme besuchen zu können. Wir müssten nahezu mit Lichtgeschwindigkeit reisen, und das bedeutet: im Bereich von Tausend-Millionen-Stundenkilometern.

Die Physik stellte die Lichtgeschwindigkeit lange als absolute Grenze hin, in jüngster Zeit wird diese Annahme jedoch von einigen Physikern in Frage gestellt. Kein Körper, gleich welcher Art, kann sich in Bezug auf einen anderen Körper mit größerer Geschwindigkeit als der Lichtgeschwindigkeit fortbewegen, so lehrt auch heute noch die Wissenschaft. Diese Theorie basiert auf der Beobachtung, dass Lichtgeschwindigkeit im Vakuum, unabhängig von der Bewegung des Referenzrahmens (Bezugssystems), gleichbleibend ist. Aus dieser Beobachtung zeigt relativistische Mechanik, dass die Energie eines Körpers mit seiner Geschwindigkeit zunimmt und unendlich wird, wenn sie die Lichtgeschwindigkeit erreicht.

Da man ein Raumschiff noch nicht mit einer Antriebsenergie ausstatten kann, die größer als unendlich ist, kann es sich nicht mit einer Geschwindigkeit fortbewegen, die über die Lichtgeschwindigkeit hinausgeht.

Wie bereits erwähnt, versuchten A. Michelson und E. Morley 1887 den Nachweis von Äther zu erbringen, indem sie die Lichtgeschwindigkeit gleichzeitig nach zweierlei Richtungen vermaßen. Sie folgerten: Wenn eine der Richtungen die gleiche wäre wie die der Erde in ihrem Sonnenumlauf und die andere dazu im rechten Winkel verliefe, müssten sich die beiden Werte für die Lichtgeschwindigkeit beim Vorhandensein von Äther unterscheiden. Die Wissenschaftler erhielten jedoch identische Werte.

Andere Experimente bestätigen die Annahme, dass Lichtgeschwindigkeit konstant ist. So kann diese Bestätigung über die Konstanz der Lichtgeschwindigkeit insbesondere auf das Studium von Doppelsternsystemen zurückgeführt werden. Während beide Sterne um ihr gemeinsames Gravitationszentrum kreisen, nähert sich uns der eine, und der andere entfernt sich von uns, bis sich die Situation wieder umkehrt, der erste Stern entfernt sich, und der zweite nähert sich uns. Das Licht beider Sterne braucht jedoch die gleiche Zeit, um zur Erde zu gelangen, unabhängig von der Richtung, in der sich die Sterne fortbewegen. Die Lichtgeschwindigkeit beider Sterne ist also gleich (etwa 300 000 km/Sek. als abgerundeter Wert im Vakuum. Letzte Messungen ergaben: $c = 2,99792 \times 10^8$ m/s). Durch diese Feststellung wurde die Theorie gefestigt, dass die Geschwindigkeit des Lichtes absolut unabhängig von der Geschwindigkeit der Lichtquelle selbst ist. Inzwischen gibt es natürlich verfeinerte Methoden zur Bestätigung dieses Prinzips.

Bei der Untersuchung des Ätherdilemmas und den damit zusammenhängenden Experimenten kam A. Einstein im Jahre 1905 in seiner speziellen Relativitätstheorie zu zwei wichtigen Schlussfolgerungen. Die erste besagt ganz einfach, dass Äther nicht nachgewiesen werden kann. In der zweiten, fundamentalen Folgerung stellt Einstein fest, dass die Lichtgeschwindigkeit relativ zum Beobachter immer konstant ist.

Um Einsteins erste Schlussfolgerung zu erklären, wollen wir uns vorstellen, ein Astronaut begibt sich auf eine lange Reise durch den Raum und verlässt die Erde in seinem Raumschiff mit einer Geschwindigkeit von 50 000 Stundenkilometern. Er hat die Erde lange zurückgelassen, als er plötzlich ein anderes Raumschiff hinter sich bemerkt. Es nähert sich ihm schnell, und während es sein eigenes Schiff überholt, überrascht ihn über den Funk die Frage des anderen Astronauten: »Warum stehst du still?« Wie kann unser Astronaut nun beweisen, dass er sich in Wirklichkeit fortbewegt? Er selbst weiß zwar, dass sich das andere Raumschiff mit unterschiedlicher Geschwindigkeit zur eigenen bewegt, denn er sah, wie es sich näherte. Außerdem kann er anhand seiner Instrumente schnell errechnen, dass das andere Raumschiff in Bezug auf sein eigenes mit 10 000 Stundenkilometern durch den Raum zieht. Aber mehr kann er nicht feststellen. Er könnte vielleicht noch annehmen, dass sich das andere Raumschiff in Bezug auf die Erde mit 60 000 Stundenkilometern fortbewegt, da er selbst die Erde mit 50 000 Stundenkilometern verließ und mit 10 000 Stundenkilometern überholt wurde. Aber das muss nicht unbedingt zutreffen. Es könnte nämlich ebenso möglich sein, dass sich, in Bezug auf die

Erde, unser Astronaut mit 10 000 und der andere mit 20 000 Stundenkilometern entfernt. Aber es könnte auch bedeuten, dass der fremde Astronaut stillsteht, während sich unser Astronaut der Erde mit 10 000 Stundenkilometern rückwärts nähert.

Nur zu bald wird unser Astronaut merken, dass er ohne ein bewegungsloses Objekt, an dem er seine Geschwindigkeit messen kann, niemals wissen wird, welches Raumschiff sich fortbewegt und wer – falls überhaupt – stillsteht.

Das andere Schiff ist bald in den Tiefen des Alls verschwunden, und unser Astronaut ist wieder allein. Obwohl er über die besten, kompliziertesten Instrumente an Bord verfügt, vermögen sie ohne ein Bezugsobjekt seine brennende Frage nicht zu beantworten.

Einsteins Relativitätstheorie beruht nun auf dem Grundsatz, dass alle Bewegung relativ ist. Wir können nie von absoluter Bewegung sprechen, sondern nur von Bewegung relativ zu etwas anderem, und kein Beobachter kann voraussetzen, dass er sich in Ruhestellung befindet.

Es gibt keinen Himmelskörper, den wir als stationäres Bezugssystem verwenden könnten, denn alles bewegt sich. Die Erde dreht sich um ihre eigene Achse und bewegt sich in ihrer Umlaufbahn um die Sonne. Diese bewegt sich, relativ zu anderen Sternen, innerhalb unserer rotierenden Milchstraße, die sich wiederum, relativ zu anderen Galaxien, bewegt. So bewegt sich alles relativ zueinander. Äther (falls er existiert) kann nicht ermittelt werden, denn stationärer Äther befände sich in absoluter Bewegung und wäre darum das einzig Bewegungslose im ganzen Universum. Aber wie wir gesehen haben, lässt sich nur relative Bewegung bestimmen, und aus diesem Grund kann Äther nicht nachgewiesen werden. Rufen wir uns hierzu Newtons klassisches Beispiel in

Erinnerung: Es ist unmöglich, durch irgendein Experiment innerhalb eines Schiffes zu ermitteln, ob sich dieses Schiff durch das Wasser fortbewegt oder nicht. Vergleichsweise könnten wir auch durch kein Experiment auf der Erde feststellen, ob sich die Erde durch den Äther bewegt. (Nebenbei gesagt ist das Vorhanden- oder Nichtvorhandensein von Äther für die Relativitätstheorie ohne Bedeutung.)

Um das Revolutionäre der zweiten Einsteinschen Folgerung zu unterstreichen, soll ein gewöhnliches Beispiel angeführt werden: Stellen wir uns ein Kind vor, das an Deck eines Schiffes einen Ball mit zehn Kilometern Stundengeschwindigkeit fortwirft. Ob sich das Schiff nun bewegt oder vor Anker liegt, entfernt sich der Ball relativ zum Kind mit einer Geschwindigkeit von zehn Stundenkilometern. Befindet sich das Schiff allerdings in Fahrt, während der Ball geworfen wird, hängt es von der Geschwindigkeit und Fahrtrichtung des Schiffes ab, ob sich der Ball, relativ zur Wasseroberfläche, mit über oder unter zehn Stundenkilometern entfernt. Nähert sich das Schiff dem Land mit zehn Stundenkilometern, und der Ball hat gleichfalls eine Wurfgeschwindigkeit von zehn Stundenkilometern, beschleunigt sich die Geschwindigkeit des Balls um die Reisegeschwindigkeit des Schiffes, und er nähert sich dem Land mit zwanzig Stundenkilometern.

Ginge man danach, müssten wir annehmen, dass die von einer sich nähernden Lichtquelle ausgesandten Lichtwellen schneller sein müssten als die einer entweichenden Lichtquelle. Aber die spezielle Relativitätstheorie beweist, dass es nicht so ist. Wie wir wissen, bewegt sich die von einem Stern ausgestrahlte Lichtwelle relativ zum Beobachter mit rund 300 000 km/Sek., ganz gleich, ob sich Stern und Beobachter einander nähern oder voneinander entfernen.

Ein Grund für die Konstanz der Lichtgeschwindigkeit ist, dass sich die Länge eines sich schnell bewegenden Objekts für den Beobachter verkürzt, d. h. schrumpft.

Hierzu ein aktuelles Beispiel: Entfernt sich ein 100 m langes Raumschiff mit einer Geschwindigkeit von 200 000 km/Sek. von einem Beobachter, wird dieser sehen, wie sich das Raumschiff mit zunehmender Geschwindigkeit mehr und mehr verkürzt, bis es bei Annäherung an die Lichtgeschwindigkeit unendlich kurz wird.

Ein weiterer Grund ergibt sich aus der Tatsache, dass ein Kilometer, den ein Objekt bei 200 000 km/Sek. zurücklegt, kürzer ist als ein stationärer Kilometer, denn in der Relativitätstheorie gibt es keinen absoluten Raum.

Spezielle Relativität setzt ebenfalls voraus, dass die Masse eines beweglichen Körpers für einen stationären Beobachter zunimmt. Das bedeutet, dass z. B. die Masse eines Raumschiffes bei Annäherung an die Lichtgeschwindigkeit für diesen Beobachter immer massiver wird, bis sie bei Erreichen der Lichtgeschwindigkeit unendlich ist: $m_{neu} = m_{alt} \sqrt{(1\text{-}v^2/c^2)}$. Diese Relation wurde in Experimenten an schnell fliegenden Elektronen bestätigt.

Diese Theorie sagt außerdem, dass die Zeit von der Geschwindigkeit beeinflusst wird, denn für ein sich schnell bewegendes Objekt geht die Zeit langsamer. Das Ausmaß der Zeitdilation (Zeitverlangsamung) ist durch $T_{neu} = T_{alt} \sqrt{(1\text{-}v^2/c^2)}$ gegeben.

Es wurde immer angenommen, dass Zeit für alles gleich verläuft, das heißt, Zeit dauert für jeden und jedes im Universum gleich lange. Aber die spezielle Relativitätstheorie zeigte, dass das nicht stimmt, denn für zwei Beobachter, die sich relativ zueinander bewegen, vergeht die Zeit mit unterschiedlicher Dauer.

Fliegen nämlich zwei Astronauten in zwei Raumschiffen sehr schnell aneinander vorüber, vergeht die Eigenzeit eines jeden Astronauten schneller als die des anderen. Das klingt zwar paradox, ist aber durch Experimente bewiesen worden.

Gewisse Mesonen (mittelschwere, nach kurzer Lebensdauer wieder zerfallende Elementarteilchen), die experimentell erzeugt werden können, finden sich auch in der natürlichen Höhenstrahlung. Aber dort ist ihre Lebensdauer (von uns aus gemessen) bis zu hundertmal länger. Das blieb unverstanden, bis festgestellt wurde, dass Mesonen der Höhenstrahlung gegenüber den experimentell erzeugten Mesonen beinahe mit Lichtgeschwindigkeit fliegen. Schließlich errechnete man nach den Formeln der Relativitätstheorie, dass die Höhenstrahlenmesonen in unserer Laborzeit zwar hundertmal länger lebten, jedoch in ihrer Eigenzeit die gleiche kurze Lebensdauer wie die anderen, langsameren Mesonen hatten. Dieses Beispiel gilt auch für die aneinander vorbeifliegenden Astronauten.

Ein im Oktober 1971 durchgeführtes Atomuhren-Experiment sollte die Einsteinsche Relativitätstheorie unter Beweis stellen. Seine Anhänger betrachten diesen von J. Hafele und R. Keating gemachten Versuch auch begeistert als Bestätigung seiner Theorie. Kritiker allerdings sehen dieses Experiment anders. So schreibt Gerald Johannes in *Das Gegenteil ist wahr*:

»Ein Experiment wurde von Hafele und Keating 1971 gemacht. Diese reisten mit Atomuhren im Gepäck zweimal um die Welt, einmal westwärts und einmal nach Osten (wahrscheinlich wie immer auf Kosten der Steuerzahler) und wollten die Relativitätstheorie auf 8 % genau bestätigt haben, was immer das heißen mag. Mir ist nicht bekannt, ob die bewegte Uhr jetzt langsamer oder schneller ging, aber das ist letztlich auch egal, da, wie wir gesehen haben, durch beides die Relativitätstheorie ›bewiesen wäre‹. Allerdings stellte sich später Folgendes heraus: ›Als Berechnungsgrundlage dienten die Logbücher der Flugkapitäne ... Die angegebenen Daten sind nicht beobachtet, sondern zusammengerechnet; sie wurden durch *mathematische Exktraktion* aus den Flugnotizen gewonnen.‹ Dass Flugkapitäne ihre Logbücher neuerdings auf Milliardstelsekunden genau führten, konnten selbst die Relativisten nicht glauben. Das Maß an Peinlichkeit war endgültig voll, als Hafele und Keating nachträglich mitteilten, dass sie zwecks größerer Genauigkeit die nicht ganz gleich gehenden Atomuhren während der Reise auf synchronen Gang verstellt hatten.«

Dem ist nichts hinzuzufügen. Man ließ diesen peinlichen »Beweis« dann auch ganz schnell in der Versenkung verschwinden.

Aber allzu ernst muss man das Experiment eh nicht nehmen. Ich habe es mal nachgerechnet: Die Genauigkeit von Atomuhren lag in den siebziger Jahren bestenfalls bei 2×10^{-11} [40]. Nach den Angaben brauchte die Maschine mit Steig- und Sinkflug mindestens eine halbe Stunde, eher mehr. Das sind 1800 Sekunden. Das ergibt eine Messungenauigkeit von, günstig gerechnet, 36 milliardstel Sekunden pro Uhr, bei zwei Uhren fast das Doppelte. Der gemessene Wert liegt also innerhalb der Messungenauigkeit und sagt somit gar nichts aus. Die Autoren behaupten zwar eine 40fach höhere Genauigkeit, verraten allerdings nicht, wo sie solch supergenaue Uhren hergehabt haben wollen.

Setzen wir einmal voraus, dass die Auswirkungen der Relativitätstheorie tatsächlich zutreffen. Was wären dann die Konsequenzen für eventuell mögliche, irdische Zukunftsprojekte interstellarer Raumfahrt?

Nehmen wir einmal für gegeben, dass der Mensch eines Tages alle technologischen Probleme im Zusammenhang mit der Konstruktion eines Raumschiffes, das annähernd bis auf Lichtgeschwindigkeit beschleunigt werden kann, gelöst hat.

Astronauten treten dann die Reise zum rund zwölf Lichtjahre entfernten Stern Tau Ceti an. Gewöhnt an die irdische Gravitationsbeschleunigung g, starten sie von hier aus mit der konstanten Beschleunigung g. Bereits nach einer Woche hat ihr Raumschiff die ungeheure Geschwindigkeit von zwanzig Millionen Kilometern pro Stunde erreicht, und sie sind schon mehr als fünf Milliarden Kilometer von der Erde entfernt. Sie setzen ihre Reise mit stetiger Beschleunigung fort, und ihre Reisegeschwindigkeit beträgt Ende des achten Monats bereits zwei Drittel der Lichtgeschwindigkeit. Und hier stoßen unsere Astronauten auf seltsame, völlig unerwartete Navigationsergebnisse. Denn gegen alle Erwartungen haben sie schon in diesem achten Reisemonat ein Viertel der Gesamtentfernung bis zum Ziel hinter sich gebracht. – Es scheint so, als sei Tau Ceti anstatt zwölf nur neun Lichtjahre von der Erde entfernt, obwohl bei Beginn der Reise die Entfernung von der Erde zwölf Lichtjahre betrug. Die Situation ist so verwirrend, dass sich die Astronauten sofort über ihre genaue Entfernung von der Erde vergewissern. Doch damit ergeben sich nur noch größere Überraschungen. Denn nach den letzten Resultaten ist die Erde nicht, wie erwartet, drei Lichtjahre von der Position des Raumschiffs entfernt, sondern sogar noch näher als die Strecke, die es nach den Berechnungen in acht Monaten zurückgelegt haben müsste. Die Erde ist unerwartet nah und unsere Astronauten sind nur ein Viertel der kalkulierten, in acht Monaten zurückgelegten Strecke von ihr entfernt.

Im Gegensatz zu den Berechnungen vor Beginn der Reise hat sich die Entfernung zwischen der Erde und Tau Ceti um ein Viertel verkürzt. Und das bringt unseren Raumfahrern endlich die Relativitätstheorie in Erinnerung, nach der Raum nicht absolut ist und die festgestellte Verkürzung der Entfernung mit der Geschwindigkeit in Bezug auf die Erde und Tau Ceti zusammenhängt. Da sie sich ja mit zwei Drittel der Lichtgeschwindigkeit durch den Raum bewegen, hat sich die Entfernung um ein Viertel verkürzt.

Wenn sie sich nach einem Jahr mit der Beschleunigung g der Lichtgeschwindigkeit nähern, werden alle Entfernungen im Universum zu Null.

Um allerdings auf einem (hypothetischen) Planeten des Tau Ceti zu landen, müssen unsere Astronauten mit g abbremsen. Das bedeutet, sie erreichen ihr Ziel in zwei Jahren – ein Jahr vergeht in Beschleunigung auf die Lichtgeschwindigkeit c und ein weiteres, um auf die Geschwindigkeit Null abzubremsen.

Da unsere Astronauten ohne zu verweilen gleich wieder auf die Rückreise gehen, beschleunigen sie ihre Geschwindigkeit im Verlauf eines Jahres wieder mit g auf nahezu Lichtgeschwindigkeit c, und während des zweiten Reisejahres bremsen sie mit g ab, bis sie wieder auf der Erde landen.

Alles in allem dauerte die Reise zu Tau Ceti und zurück nur vier Jahre für sie. Mit gemischten Gefühlen betreten sie den heimatlichen Boden in der Erwartung, ihre Altersgenossen, die nicht wie sie selbst von der Zeitdilation profitierten, weit mehr gealtert als sich vorzufinden. Denn genau das war ihnen von einer Anzahl Wissenschaftlern und noch mehr Science-Fiction-Schriftstellern vorausgesagt worden.

Etwas wurde bei diesen Behauptungen allerdings völlig vergessen, nämlich, dass alle Bewegung relativ ist.

Wir können die Sache genauso andersherum betrachten: Die Erde hat sich in entgegengesetzter Richtung auf eine Reise durch den Raum begeben und kehrte wieder zurück, während das Raumschiff bewegungslos verharrte. Für diesen Fall zeigt die Relativitätstheorie, dass sich der Zeitprozess auf der Erde relativ zu den Astronauten verlangsamt. Und es sind die Astronauten, die mehr gealtert wären.

Dagegen könnte natürlich so mancher einwenden, dass dies nicht zutrifft, da sich nicht die Erde, sondern das Raumschiff beschleunigte. Nun, Einstein zeigt in seiner allgemeinen Relativitätstheorie, dass die Auswirkungen der Beschleunigung g die gleichen sind wie die der Gravitation g auf der Erde.

Es gibt nur eine einzige mögliche Lösung für dieses Paradoxon: der unterschiedliche Alterungsprozess hebt sich in diesem Fall auf.

Einsteins spezielle Relativitätstheorie galt bis vor kurzem als Beweis dafür, dass Teilchen die Lichtgeschwindigkeit nicht überschreiten können. Doch das wird in jüngster Zeit von einigen Physikern, wie bereits im vorherigen Kapitel besprochen, angezweifelt. Sie vermuten außer den schon bekannten so genannten Tardyonen und Luxonen noch eine weitere Klasse subatomarer Teilchen, die Tachyonen. Die Fortbewegung dieser Teilchen soll nur mit Überlichtgeschwindigkeit erfolgen.

Die Eigenschaften dieser hypothetischen Tachyonen sind ziemlich sonderbar; so nimmt z. B. ihre Energie bei Beschleunigung ab, anstatt zu. Einige Forscher experimentieren am Nachweis von Tachyonen. Die Suche ist auf mögliche Wechselwirkungen der Tachyonen mit anderen Elementarteilchen abgestimmt, damit eine gezieltere Nachforschung nach ihnen betrieben werden kann.

Durch die Voraussetzung, dass beim Überschreiten der Lichtgeschwindigkeit die Zeit rückwärts läuft, bieten sich interessante Gedankenexperimente an: Ein Experimentator könnte so zum Beispiel ein Tachyon aussenden und erhielte die Antwort auf dieses Signal, bevor es überhaupt ausgesandt wurde!

Vielleicht ist es daher nicht allzu unverständlich, dass diese hypothetischen Tachyonen die Fantasie vieler Enthusiasten angeregt haben, da für sie der Schritt vom überlichtschnellen Tachyon zum überlichtschnellen Raumschiff nur unbedeutend ist. Denn ihnen gilt schon allein die Theorie als Beweis dafür, dass Zeitreisen eines Tages möglich sind und dass der Mensch dadurch irgendwann in der Zukunft in der Lage sein wird, die Vergangenheit mitzuerleben.

Aber ist es denn unbedingt notwendig, die Lichtgeschwindigkeit zu überschreiten, um Zeitreisen unternehmen zu können – das heißt entweder in die Vergangenheit oder die Zukunft zu reisen?

Dr. Kurt Gödel (1906–1978) veröffentlichte 1949 einen interessanten Artikel, in dem er ein Modell des Universums darstellt, das sich auf Einsteins allgemeine Relativitätstheorie stützt. In diesem Modell ist es aufgrund der Relativität der Gleichzeitigkeit theoretisch möglich, in jede Region der Vergangenheit oder Zukunft zu reisen. Nach Gödel muss dabei eine Bedingung erfüllt werden: Die Geschwindigkeit des Raumschiffes muss wenigstens 70,7 Prozent der Lichtgeschwindigkeit, also rund 800 Millionen Stundenkilometer, erreichen.

Nehmen wir also an, dass Zeitreisen durchgeführt werden können, dann gäbe es zwei vorstellbare Möglichkeiten. Einmal könnte der Zeitreisende als Beobachter auftreten und Geschehnisse und Lebewesen der Vergangenheit oder Zukunft zur Kenntnis nehmen, ohne sich selbst bemerkbar zu machen. Zum anderen könnte der Zeitreisende zukünftige oder vergangene Geschehnisse verändern, indem er sich zeigt oder gar eingreift.

Diese Idee hat bereits Gestalt angenommen, denn es wurde vorgeschlagen, UFOs als Zeitreisemaschinen zu betrachten, aus denen unsere Ur-Ur-Ur-Urgroßenkel uns mehr oder weniger belustigt unter die Lupe nehmen.

Gegen diese Möglichkeit ließe sich natürlich einwenden, dass die zeitliche Reihenfolge von Ursache und Wirkung verletzt wird, denn die Wirkung ginge hier der Ursache voraus. Aber gerade diese Reihenfolge von Ursache und Wirkung wird von einigen Wissenschaftlern ernsthaft in Frage gestellt.

Der Vorstellung endloser Widersprüche stehen hier alle Türen offen: Was geschähe z. B., wenn der Ur-Ur-Ur-Urgroßenkel den Ur-Ur-Ur-Urgroßvater umbrächte, würde er trotzdem geboren?

Ganz nebenbei, falls diese UFOs tatsächlich unsere Nachfahren transportieren sollten, könnte der Grund, warum sie weder landen noch Kontakt aufnehmen, vielleicht in Gesetzen der Physik zu suchen sein, die das einfach nicht zulassen. Doch zurück zur Lichtgeschwindigkeitsgrenze. Gibt es noch andere Möglichkeiten, sie zu umgehen?

Jenseits der Zeit

»Wir untersuchen psychische Phänomene, an denen das Bedeutsamste ist, dass diese psychischen Effekte nicht mit der orthodoxen Auffassung der Physik übereinstimmen. Dieser Widerspruch ist eine Herausforderung an die Physik. Dabei erforschen wir, wie paranormale Phänomene wissenschaftlich eindeutig bewiesen werden können und inwiefern sie mit der Quantentheorie unvereinbar sind. Wir haben mit dem Phänomen der Präkognition begonnen, und hier stellt sich die Frage, ob es für Menschen tatsächlich möglich ist, zukünftige Ereignisse vorauszusehen. Gerade in diesem Zusammenhang heißt es in der Quantentheorie, dass niemand Ereignisse voraussagen kann, da bestimmte Prozesse vom reinen Zufall abhängig sind. Aber ich kann das Gegenteil beweisen. Wir haben hier beispielsweise ein Gerät konstruiert, das auf reinen Quantenprozessen basiert«, sagte mir der deutschstämmige Physiker Dr. Helmut Schmidt, als ich ihn in seinem Forschungsinstitut in New Mora, New Mexico, aufsuchte.

»Die hier durchgeführten Experimente laufen sozusagen ›jenseits der Zeit‹ ab – schneller als das Licht.«

Schmidt hat die Quantenphysik in seine Forschung einbezogen und dementsprechend Geräte entwickelt, um damit präkognitive und psychokinetische Fähigkeiten von Versuchspersonen zu testen. So kommen bei seinen Geräten so genannte Zufallsgeneratoren zur Anwendung, die durch Quantensprünge, das heißt zum Beispiel durch den unvorhersehbaren Zerfall des Thoriums, aktiviert werden.

Schmidt schob einen langen, rechteckigen Kasten auf mich zu, auf dem eine Reihe farbiger Glühbirnen – weiß, rot, blau, gelb, grün – installiert war, jede mit einer Taste davor.

»Wenn an diesem Gerät eine Taste gedrückt wird«, erklärte Schmidt, »leuchtet irgendeine der durch Quantenprozesse aktivierten farbigen Birnen auf. Mit anderen Worten: Die Farbe bestimmt der Zufallsgenerator. Ein Treffer wird dann erzielt, wenn die zur Taste gehörende Birne aufleuchtet. Nach der Quantentheorie sollte es nun im Prinzip unmöglich sein, vorauszusehen, welche Birne als nächste aufleuchtet. Die Kandidaten unserer Versuchsreihen haben erstaunliche Treffer erzielt, und zwar weit mehr, als der statistischen Wahrscheinlichkeit beziehungsweise der Zufallsquote zufolge, die bei höchstens 25 Prozent liegt, zu erwarten gewesen wäre. Ein Physiker hatte sich beispielsweise als Versuchsperson zur Verfügung gestellt, da er öfter Ereignisse vorausträumt. Er erzielte bei unseren Versuchen eine signifikante Trefferquote.«

Schmidt setzt bei seiner psychokinetischen Versuchsreihe ein Gerät ein, das ähnlich aussieht wie eine große Uhr, wenn auch Glühbirnen die Zahlen auf dem Zifferblatt ersetzen. Durch einen Zufallsgenerator werden die Birnen entweder mit dem Uhrzeigersinn oder gegen ihn hintereinander zum Aufleuchten gebracht, wobei sich die Richtung ständig ändert. Die Versuchsperson muss nun mithilfe ihrer Geisteskraft die Glühbirnen jeweils in entgegengesetzter Richtung zum Aufleuchten bringen. Auch bei diesen psychokinetischen Versuchen wird die erwartete Zufallsquote von 25 Prozent durch die in Wahrheit erzielten Treffer weit überschritten.

Dazu sagte Schmidt: »Es gibt kausale Gesetze und den so genannten Zufall. Wir aber beweisen hier, dass der Zufall dem menschlichen Geist unterliegt, also ein reiner Zufall nicht existiert. Demzufolge muss die Quantenphysik modifiziert werden.«

»Aber wie können wir sicher sein, dass Ereignisse in der Zukunft – bewusst oder unbewusst – nicht durch uns selbst ausgelöst werden?« fragte ich Dr. Schmidt. »Könnte nicht das von uns als Präkognition bezeichnete Phänomen in Wirklichkeit ein in die Zukunft gerichteter psychokinetischer Vorgang sein?«

»Ein faszinierender Gedanke«, meinte er, »möglicherweise aktivieren wir unbewusst ja tatsächlich zukünftige Ereignisse, die unser Schicksal bestimmen.«

Falls geistige, besser gesagt paranormale Fähigkeiten die Lichtgeschwindigkeitsgrenze tatsächlich überschreiten sollten, in anderen Worten: sich außerhalb beziehungsweise jenseits der Zeit abspielen würden, wäre damit eine unschätzbare Möglichkeit der Kommunikation, ohne Zeitverlust, gegeben.

Es gibt aber wohl kein umstritteneres Gebiet als die Parapsychologie, was nicht weiter überraschend ist, da hier Vernunft und Gefühle, Glauben und Wissen hart aufeinander prallen. Jeder, der sich mit diesem Gebiet auseinander setzt, muss gegen Vorurteile anderer kämpfen. Während extreme Skeptiker die Parapsychologie als »blödsinnige Pseudowissenschaft« abtun – weil sie nur den Schwindel und die Manipulation sehen wollen –, sind ihre Anhänger oft blauäugige, fanatische Gläubige. Es gibt aber auch einige rühmliche Ausnahmen, jene nämlich, die objektive und seriöse Forschungen auf diesem Gebiet anstellen.

Parapsychologen definieren die Telepathie als die Übertragung seelischer Vorgänge von einer Person auf eine andere ohne die Vermittlung über einen unserer bekannten fünf Sinne.

Aus diesem Grunde sollte man Telepathie als interstellares Kommunikationsmittel in Erwägung ziehen.

Alle Nachteile der elektromagnetischen Kommunikationsanlagen entfallen: Der enorme Kostenaufwand, technische Unzulänglichkeiten und vor allem – das Zeitproblem. Denn eine telepathische Verständigung vollzieht sich praktisch ohne Zeitaufwand, in Gedankenschnelle, augenblicklich, sofort.

Schon auf dem Internationalen Astronautischen Kongress 1963 in Paris schlug jemand Telepathie als das schnellste, vorteilhafteste und billigste Verständigungsmittel vor und erntete dafür die Belustigung der Teilnehmer. Als allerdings bekannt wurde, dass sich schon damals acht sowjetische Forscherteams (zwischenzeitlich waren es weit mehr) speziell mit dem Gebiet der Gedankenübertragung auf physiologischer Grundlage befassten, wurde man nachdenklich.

Schon in den dreißiger Jahren, nicht lange vor seinem Tod, hatte sich der Russe Konstantin E. Ziolkowskij (1857–1935), der Vater der russischen Astronautik, in voller Überzeugung für die Notwendigkeit telepathischer Fähigkeiten in zukünftigen Raumflügen ausgesprochen. Für Ziolkowskij war Telepathie eine der wichtigsten Voraussetzungen in der Weiterentwicklung der Menschheit. Und zur Lösung der Rätsel des menschlichen Geistes gelangt seiner Meinung nach der Mensch durch die Ergründung psychischer Phänomene. Die Raumfahrt dagegen öffnet dem Menschen das Universum.

Schon 1890 schrieb Ziolkowskij seine Resultate auf dem Gebiet der Astronautik nieder. 1898 schlug er erstmalig flüssigen Antriebsstoff für Raketen vor: Wasserstoff und Sauerstoff. Und 1903 folgte dann eine Arbeit über das Thema der Raketenbewegung. Er bewies darin, dass Raketen auch in einem Vakuum funktionsfähig sind. Gleichzeitig stellte er die ersten Berechnungen über die Möglichkeit interplanetarischer Reisen an und wie man eventuell einen Satelliten in eine Umlaufbahn bringen kann. Ziolkowskij glaubte, dass der Mensch durch die Erkenntnisse in Raumfahrt und Parapsychologie zur Vollendung gelangt.

Eine systematische Versuchsreihe unter Professor Joseph B. Rhine fand 1927 in der Duke University, Durham, USA, statt. In diesen Experimenten wurde eindeutig bewiesen, dass es außersinnliche Wahrnehmungen wie Hellsehen, Telepathie und Prophetie wirklich gibt und dass in fast allen Menschen solche Fähigkeiten schlummern.

Rhines Versuchspersonen zu diesen Experimenten waren wahllos herausgegriffen. Es sollten Kartensymbole erraten werden.

1. Die Versuchsperson musste durch Gedankenübertragung herausfinden, an welche Symbole der Sender (Experimentator) dachte.

2. Die Versuchsperson musste hellsehen, welche (ihr und dem Experimentator unbekannten) Kartensymbole verdeckt waren.

3. Die Versuchsperson musste prophezeien, welche Karten in einer automatischen Mischmaschine nacheinander fallen würden.

Diese Reihenexperimente wurden statistisch mit folgenden Resultaten ausgewertet:

Bei 25 Karten und 5 Symbolen beträgt der Zufallsdurchschnitt nach dem Gesetz der großen Zahl 5.

Bei 200 Versuchen (8 Spielen) und 6 1/2 Treffern ist die Zufallswahrscheinlichkeit 1:150.

Bei ununterbrochenen Treffern, auch in kleineren Versuchen, gibt es keinen Zufall mehr.

Bei 9 Treffern hintereinander steht die Zufallschance 1:2 Millionen.

Und bei 15 fortlaufenden Treffern steht es 1:30 Milliarden für einen Zufall! – Die erzielten Resultate schlossen danach jeden Zufall aus.

Der englische Mathematiker S. G. Soal führte dann in den vierziger Jahren Zehntausende gut kontrollierter Kartenversuche durch, die erstaunliche Ergebnisse zeigten. Seine beiden Versuchspersonen lagen mit ihren Treffern weit oberhalb der Zufallsquote. Allerdings stellte sich durch all diese Versuche heraus, dass Hellsehen und Telepathie schwer zu trennen sind.

Im Jahre 1937 ergab sich rein zufällig ein telepathisches Experiment zwischen dem Polarflieger Sir Hubert Wilkins und dem bekannten Schriftsteller Harold Sherman.

Da der russische Polarflieger S. Levanewsky als verschollen galt und auch keine Funkverbindung mehr bestand, hatte sich Wilkins für eine Suchaktion zur Verfügung gestellt.

Gleichzeitig bot sich Sherman an, mit Wilkins während dieser Zeit telepathischen Kontakt zu unterhalten. Sherman hatte seine außersinnlichen Fähigkeiten in langjähriger Übung ausgebildet. Es wurde vereinbart, sich wöchentlich dreimal zu einer bestimmten Stunde aufeinander zu konzentrieren. Beide machten darüber Aufzeichnungen. Wilkins führte Tagebuch, und Sherman sandte seine telepathischen Eindrücke jeweils am nächsten Tag nach der vereinbarten Verbindungsaufnahme an den amerikanischen Psychologen Professor Gardener Murphy in New York.

Wilkins startete seine Suchaktion von Point Barrow und Aklavik am Mackenzie-Fluss. Er suchte von dort über 3000 Kilometer des Polargebietes vom Flugzeug aus ab. Sherman hielt die verabredeten Treffzeiten ein, während Wilkins das nicht immer möglich war. Trotzdem sah Sherman Wilkins in den unterschiedlichsten Situationen. So vermutete er z.B. Wilkins auf dem Weg zu seiner Bestimmung, erblickte ihn aber in einem Ballsaal. Es stellte sich später heraus, dass Wilkins wegen schlechter Wetterlage nach Kanada umkehren musste und in Regina einer Einladung zu einem Ball gefolgt war.

Ein anderes Mal beobachtete Sherman durch seine außersinnlichen Fähigkeiten, wie Wilkins das Polareis aufhackte, um in dem Loch Fische zu fangen. Ebenso erlebte er mit, wie ein brennendes Eskimohaus nicht gelöscht werden konnte, weil das Löschwasser hart gefroren war. Sherman nahm sogar wahr, dass das Unternehmen unerwartet abgebrochen wurde und Wilkins viel früher auf dem Heimweg war, als vorgesehen.

Die New York Times hatte beabsichtigt, eine ständige Radioverbindung während des Verlaufs der Expedition aufrecht zu erhalten. Aber durch die Schlechtwetterlage kamen in fünf Monaten nur 13 Funkverbindungen gegenüber 68 guten telepathischen Kontakten zustande!

Die telepathischen Fähigkeiten der Naturvölker sind hinreichend bekannt, aber dem Menschen einer technologisch ausgerichteten Welt immer noch ein unbegreifliches Phänomen. Telepathie zur Nachrichtenübermittlung ist unter Eingeborenenstämmen ein unverhältnismäßig schnellerer drahtloser Kontakt, als ihn die technische Welt mit ihren Telefonen, Fernschreibern und Funkgeräten aufweisen kann.

Eine Fähigkeit des Geistes, die alle technischen Hilfsmittel in den Schatten stellt.

»W.R.Benzies, ein ehemaliger Kolonialbeamter im südrhodeischen Matabela-Land, berichtete Folgendes«, schreibt

Willy Schrödter in seinem Buch. »Eines Tages bekam ich ein Telegramm betreffend einen Aufstand der Zulus. Es war zwei Tage unterwegs gewesen. Ich zeigte die Drahtung meinem eingeborenen Wachtmeister, um ihn zu bitten, Warnungen zu verbreiten. Das sei doch unnötig, erwiderte er, denn die Zulus seien doch schon, wie jedermann wisse, am Vortage zurückgeschlagen worden.

Die offizielle Bestätigung dieser Tatsache, die sich Tausende Meilen entfernt abgespielt hatte, kam erst einige Tage später.«

Viele Anzeichen sprechen dafür, dass der Mensch vor langer Zeit stark ausgeprägte PSI-Fähigkeiten besaß, die dann in einer zunehmend technologischen Umgebung verkümmerten. Hin und wieder allerdings tauchen diese Fähigkeiten noch in Einzelfällen sozusagen als atavistische Veranlagung auf.

In der Tierwelt sind außersinnliche Wahrnehmungen ein wichtiger Teil der Überlebenschance. Wie ließe sich sonst erklären, dass Tiere oft Tage vor einem Buschbrand aus einer solchen Gegend flüchten.

Der außersinnlichen Wahrnehmung einer Ente verdanken sogar viele Freiburger ihr Leben. Am 27. November 1944 etwa gegen halb acht Uhr abends wurden die Bürger in der Nähe des Stadtparks auf das aufgeregte, angstvolle Geschnatter eines Erpels im Park aufmerksam. Dieser Enterich war dafür bekannt, dass er außergewöhnliche Ereignisse vorauszuahnen schien. Diejenigen, die den Erpel kannten und sein ungewöhnlich beunruhigtes Schnattern hörten, gingen auf alle Fälle in den Luftschutzkeller, ohne ersichtlichen Grund und ohne Fliegeralarm.

Um acht Uhr wurde das Stadtzentrum von Freiburg in 20 Minuten ohne jeden Luftalarm durch einen Fliegerangriff in Schutt und Asche verwandelt. Viele Bürger kamen um, auch der Erpel, der durch seine Warnung anderen das Leben gerettet hatte.

Am 27. November 1953, dem Jahrestag des Geschehens, enthüllte die Stadt Freiburg ein Denkmal, das sie ihrem Erpel gesetzt hatte. Auf dem Sockel steht die Inschrift: »Gottes Kreatur klagt, klagt an und mahnt.«

Jahr für Jahr ziehen Scharen von Zugvögeln im immer gleichen Flug über Zehntausende Kilometer, um zu ihren Nestern heimzukehren, die sie Monate vorher verlassen haben. Doch sobald eine Katastrophe ein Gebiet zerstört, scheinen sie es zu wissen, denn dann kehren sie nicht mehr dorthin zurück.

Und fühlen Elefanten den Tod, wandern sie oft für Wochen auf unbekannten Wegen, die sie nie vorher gegangen sind, zu ihrem Friedhof. Einen Ort, den sie nie zuvor gesehen haben.

In Termiten-Experimenten hat sich gezeigt, dass diese selbst dann die Befehle ihrer Königin ausführen, wenn sie durch eine Bleiwand von ihr abgeschirmt sind.

Es gäbe endlose Beispiele übersinnlicher Wahrnehmungen bei Tieren. Doch das ist ein Thema für sich. Kehren wir also von unserem Seitensprung zu den telepathischen Möglichkeiten der Menschen zurück.

Erstaunliche PSI-Experimente wurden 1966 von den Russen mit unerwartetem Erfolg im so genannten »Moskau-Sibirien-Telepathietest« durchgeführt.

Vor einer Abordnung von Wissenschaftlern der damaligen Sowjet-Akademie der Wissenschaften sollte der Journalist Karl Nikolajew seine Behauptung, Telepathie über große Entfernungen sei möglich, beweisen. Unter den skep-

tischen Augen der Fachleute versuchte er in einem Isolier-
raum Gegenstände zu identifizieren, die der Biophysiker
Juri Kamenskij in Moskau unter den gleichen Bedingungen
ihm über 3000 Kilometern Entfernung telepathisch beschrieb.

Kamenskij entnahm versiegelten Päckchen nacheinander
verschiedene Gegenstände. Nikolajew beschrieb diese nach
Kamenskijs Ausstrahlung bis in alle Einzelheiten. Zum Beispiel konzentrierte sich Kamenskij auf einen Schrauben-
zieher mit schwarzem Plastikgriff. Nikolajews Beschreibung
lautete: lang, dünn, Kunststoff, schwarzer Kunststoff. Das
Gleiche passierte mit einer Spiralfeder. Nikolajews Antwort:
rund, metallisch, glänzend, gleicht einer Rolle.

Bisher ist es nicht gelungen nachzuweisen, wie Telepathie
funktioniert. Alles was man weiß, ist, dass sie funktioniert.
Es liegt aber die Vermutung nahe, dass telepathische Ausstrahlung einer bisher unbekannten Energiewelle entspricht
und dass sich telepathische Fähigkeiten durch entsprechen-
des Training verbessern lassen.

Im Hinblick auf die außerordentlichen Perspektiven,
die die Telepathie eröffnet, sollte man ernstlich in Erwägung
ziehen, ein Studienzentrum aufzubauen, das sich mit neuen
Möglichkeiten der interstellaren Verbindungsaufnahme, besonders mit psychischen Kommunikationsmethoden, befasst.

Es ist ohne weiteres vorstellbar, dass außerirdische Zivilisationen existieren, die Telepathie und andere PSI-Fähigkeiten bis zur Perfektion entwickelt haben.

Wie wollen wir wissen, ob nicht ständig telepathische
Nachrichten aus dem Kosmos hier eintreffen, die wir nicht
erkennen? Vielleicht war der Mensch vor langer Zeit einmal
aufnahmefähiger, weniger abgestumpft und stand telepa-

thisch mit außerirdischen Intelligenzen sogar in Verbindung?

Vielleicht sind unsere Gebete ein unbewusstes Überbleibsel aus jener Zeit?

Bei Naturvölkern ist es zum Teil heute noch so, dass der Medizinmann in Trance fällt, um seinen »Gott« um Rat zu bitten. Und ist es nicht möglich, dass der durch die Jahrhunderte hin und wieder vereinzelt auftretende Genius nicht durch Gedankenübertragung einer fortgeschritteneren Intelligenz aus dem Kosmos beeinflusst wurde?

Außer der Telepathie gibt es noch das Phänomen der *Außerkörperlichen Erfahrungen*, dem immer mehr Bedeutung beigemessen wird.

Sowohl Prof. Hornell Hart von der Duke University als auch der Psychologie-Professor Charles Tarte, University of California, widmeten diesem Gebiet viel Zeit. Die Amerikaner nennen es auch OOBES (out of the body experiences = AK *Außerkörperliche Erfahrungen*).

Berichte über solche Erfahrungen ziehen sich durch die ganze Menschheitsgeschichte.

Besonders im Yoga gehört es als integraler Teil zum Training. Was sind AK? Es wird behauptet, dass sich der *Feinstoffliche Zweitkörper* in diesem Zustand vom Körper lösen kann, um alle erdenklichen Orte aufzusuchen.

Wissenschaftler bringen gegen diesen Dualismus das Argument vor, dass Gehirn und Geist zwei Aspekte der gleichen Einheit sind. Aber obwohl der Organismus in Besitz von beiden ist, können sie niemals getrennt werden.

Befürworter der AK warten jedoch mit folgendem Gegenargument auf: Das Gehirn ist für den Geist nur eine Art Transformator, und deshalb kann der Geist sehr wohl aus dem Körper treten.

Eine weniger drastische, aber typische Beschreibung dieses Phänomens lautet etwa so: Ich liege im Bett. Ich habe das Gefühl, mich von meinem Körper gelöst zu haben. Es ist, als schwebte ich über mir selbst. Ich betrachte das ungewohnte Bild meiner Nase und bin mir meiner Umgebung deutlich bewusst. Ich fühle mich unbeschreiblich frei. Aber es ist sehr schwer, diesen Zustand aufrecht zu erhalten. Nach einer Weile drängt es mich, wieder in meinen Körper zurückzukehren.

Ein weit interessanterer Bericht ist den Lebenserinnerungen F. Wallners entnommen und wurde durch General von Gerlach beglaubigt. Auf einer Durchreise besuchte der evangelische Erzbischof von Uppsala auch Berlin und wurde vom Preußenkönig Friedrich Wilhelm IV. zur Tafel geladen.

Im Verlauf des Gespräches kam die Rede auch auf den immer noch weit verbreiteten Aberglauben und die unheimlichen Fähigkeiten, die in manchen Familien Lapplands vererblich sind. Der Bischof erzählte nun, dass ihn seine Regierung einmal beauftragt hatte, mit einem Arzt und einem Regierungsbeamten dorthin zu fahren, um den Dingen auf den Grund zu gehen. Über die wahren Hintergründe der Reise waren nicht einmal die Begleiter des Erzbischofs unterrichtet.

Am Ziel angelangt, waren sie alle die Gäste eines wohlhabenden Lappen, der im Übrigen im Ruf stand, ein Zauberer zu sein. »Ein angenehmer, gastfreundlicher Mann mit Namen Peter Lärdal«, erzählte der Erzbischof.

Am dritten Aufenthaltstag ließ der Erzbischof beim Frühstück ganz beiläufig fallen, ob es dem Gastgeber nichts ausmache, als Hexenmeister verschrien zu sein? Der Lappe antwortete schmunzelnd, der Herr Erzbischof brauche sich keinen Zwang anzutun, er, Lärdal, wisse ohnehin, dass er nur gekommen sei, um den Aberglauben in Lappland zu untersuchen, wenn möglich auszurotten und die Hauptschuldigen zur Verantwortung zu ziehen.

In seiner Überraschung gab der Erzbischof diese Tatsache unumwunden zu und fügte noch an, dass ein solcher Unsinn weder mit der christlichen Religion noch mit wissenschaftlichen Erkenntnissen zu vereinbaren sei.

Peter Lärdal erwiderte darauf, dass er den Herrn Erzbischof nicht davon abhalten könne, zu tun, was er für richtig hielte. Aber mit Unsinn habe das Ganze absolut nicht das Geringste zu tun, und er werde sofort den Beweis dafür antreten. Er werde seine Seele vom Körper lösen, und der Erzbischof möge ihm doch sagen, an welchen Ort er sie verpflanzen solle. Nach seiner Rückkehr werde er dann auch nachweisen, dass er tatsächlich an diesem Ort war.

Zwischen Neugier und Grundsätzen hin und her gerissen, erklärte sich der Erzbischof schließlich einverstanden, in der stillen Hoffnung, einem Schwindel auf die Spur zu kommen. Er schlug also vor, Lärdals Seele solle nach Uppsala gehen und Nachrichten von seiner Frau zurückbringen.

Inzwischen hatte Lärdal eine Pfanne mit getrockneten Kräutern geholt, die er anzündete. Er sagte, dass er die Kräuterdämpfe einatmen und danach das Bewusstsein verlieren würde. Man dürfe ihn unter keinen Umständen berühren, da das seinen Tod bedeuten würde. Nach ungefähr einer Stunde würde er das Bewußtsein wiedererlangen.

Tatsächlich lag Lärdal mit schneeweißem Gesicht für eine Stunde wie ein Toter in seinem Sessel. Dann erwachte er unter konvulsivischen Zuckungen und beschrieb die Küche des Erzbischofs in Uppsala. Um zu beweisen, dass er dort war, habe er den Ehering der Gattin des Erzbischofs auf dem Boden des Kohlenkorbs versteckt. Sie habe ihn beim Kochen abgelegt.

Der Erzbischof schrieb umgehend an seine Frau und bat sie, ihm mitzuteilen, was sie an jenem Vormittag gemacht habe und wo sie gewesen sei. Nach 14 Tagen traf die Antwort ein. Die Frau des Erzbischofs schrieb, jener Vormittag sei ihr unvergesslich, weil sie einen Teig zubereitet habe und deswegen ihren Trauring auf den Tisch legte. Dieser sei seither verschwunden. Für einen Augenblick sei ein gut angezogener Lappe in der Küche gewesen. Auf ihre Frage, was er wolle, habe er nicht geantwortet und sei wortlos hinausgegangen. Dieser Fremde müsse ihren Ehering wohl mitgenommen haben.

Der Ring wurde später wirklich am Boden des Kohlenkorbs gefunden …

Bereits in den siebziger Jahren des 20. Jahrhunderts wurden unter der wissenschaftlichen Aufsicht von Professor Charles Tarte Labor-Experimente mit dem Amerikaner Robert A. Monroe durchgeführt, die zeigten, dass AK Wirklichkeit sind. Monroe unternahm in seinem »Zweitkörper« Exkursionen zu anderen Orten und beschrieb nach seiner Rückkehr fremde Szenen und Gespräche in Einzelheiten, die sich nach einer Überprüfung bestätigten.

Auch die Forschungsdirektorin der American Society for Psychical Research, Dr. Karlis Osis, führte grundlegende Experimente auf dem Gebiet der AK mit Versuchspersonen durch. Unter den vielen Freiwilligen erschien ein junger Künstler und Schriftsteller, Ingo Swann, als besonders geeignet, weil er der Assistentin von Dr. Osis erzählt hatte, dass er jederzeit und an jedem Ort aus seinem Körper heraustreten könnte.

Als Dreizehnjähriger hatte Swann sein erstes Erlebnis dieser Art, als ihm die Mandeln herausgenommen wurden. Unter Narkose sah er dem operierenden Arzt zu und konnte später jede Einzelheit beschreiben. Er gab zu Protokoll, dass er als Junge beim Spielen seinen Körper sehr oft verlassen habe und in die Erde eingedrungen sei. In den Rocky Mountains geboren, habe es ihm Freude gemacht, den verschiedenen Metalladern in den Felsen nachzugehen. Mit zwanzig Jahren begann er dann zu üben, ganz nach Wunsch aus seinem Körper heraustreten zu können.

Bei der von Dr. Osis durchgeführten Versuchsreihe mit Swann war es möglich, AK erfolgreich nachzuweisen, weil er bestimmte Gegenstände außerhalb des Gebäudes genau identifizieren konnte. Der Amerikaner Robert A. Monroe vom Monroe Institut in Virginia schildert seinerseits, wie er AK mit seinem feinstofflichen Körper durch die Einwirkung bestimmter Klangfolgen herbeiführen kann.

Die moderne Physik schlägt mittlerweile an einigen Instituten eine Brücke zu den elementarsten und ältesten menschlichen Grundvorstellungen: Der allen Religionen immanente Dualismus von Körper und Seele findet seine wissenschaftliche Erklärung im Dualismus grob- und feinstofflicher Existenz.

Zu der Kategorie der seriösen Forschungen gehören auch die Wissenschaftler, die kontrollierte Experimente in der Traumtelepathie durchgeführt und ihre Ergebnisse in psychologischen, medizinischen und psychiatrischen Fachzeitschriften veröffentlicht haben. Es handelt sich dabei um spontane telepathische Träume, also um Träume, die fast alle von uns hin und wieder haben, deren wir uns aber ganz selten bewusst werden. Aus den überzeugenden Erkenntnissen dieser Experimente, auf die wir noch näher eingehen werden, können brisante Rückschlüsse gezogen werden.

1. Das Tagesgeschehen beeinflusst unser Traumleben.

2. Das Traumleben wirkt sich entscheidend auf unser Verhalten gegenüber anderen Menschen im Tagesgeschehen aus.

3. Im Wachzustand, vor allem aber im Traumzustand kommt es immer wieder, meist unbewusst, zu telepathischer Beeinflussung der Menschen untereinander.

4. Der Schlüssel zu einer paranormalen Daseinsebene liegt in unseren Träumen.

In der antiken Welt wurde die Realität paranormaler Phänomene im großen Ganzen als etwas Selbstverständliches akzeptiert. Da eine enge Verknüpfung dieser Phänomene mit Glaubensbekenntnissen und magischen Praktiken bestand, war jeder Versuch einer kritischen Untersuchung tabu, die Götter waren empfindlich und wurden leicht zum bedrohlichen Feind.

Dennoch versuchten einige wenige unabhängige Denker, das Gebiet objektiv zu durchleuchten. Demokrit (ca. 470–380 v. Chr.) behauptete zum Beispiel in seiner Abhandlung *Über innere Vorstellungen*, dass Träume die Abbilder der Gedanken und Gefühle anderer Menschen seien, die durch die »Poren des Träumenden in seinen Körper eindringen«. Die Genauigkeit solcher Abbilder könnte durch Witterungseinflüsse und die geistige und seelische Verfassung der sie ausstrahlenden Person beeinträchtigt werden. Jemand, der sich in höchster Erregung befinde, würde bei dem Träumenden ein besonders lebhaftes Traumgeschehen auslösen.

Interessanterweise deckt sich Demokrits Auffassung der Traumtelepathie mit modernen Erkenntnissen. Denn die Forschung hat bestätigt, dass telepathische Kommunikation oft mit irgendeiner Krise der sendenden Person zusammenhängt.

In den Frühzivilisationen der Menschheit wurde den prophetischen Träumen, also Träumen, in denen zukünftige Ereignisse vorausgesehen wurden, besonderer Wert beigemessen. Erinnern wir uns an den Traum des Pharao von den sieben fetten und den sieben mageren Kühen, die Joseph als sieben fruchtbare Jahre, gefolgt von sieben Hungerjahren deutete. Auch der Traum der Calpurnia gehört dazu. Als dritte Frau des Caesars träumte sie in der Nacht, bevor er starb, von seiner Ermordung. Vergebens flehte sie ihn am folgenden Morgen an, nicht in den Senat zu gehen. Die Babylonier, Ägypter, Griechen oder Römer erhielten durch ihre Träume eine Andeutung kommender Ereignisse, eine Vorwarnung dessen, was ihnen bevorstand.

Auf einer rötlichen Granittafel, zwischen den Tatzen der großen Sphinx von Giseh eingemeißelt, ist der Menschheit ein Traum von besonderer Bedeutung erhalten geblieben. Der Traum des Thutmosis IV. (etwa 1450–1405 v. Chr.) hat einst ein ganzes Volk beeinflusst. Seit knapp 3500 Jahren hütet ihn die große Sphinx zwischen ihren steinernen Pranken. Und so lautet der Traum, den der Ägypter Thutmosis nach einem Spaziergang um die Mittagszeit im Schatten der Sphinx träumte: »Betrachte mich, schau mich an, du, mein Sohn Thutmosis. Ich bin dein Vater. Das Königreich soll dein sein... die Erde in ihrer ganzen Länge und Breite dir gehören... Fülle und Reichtum dein eigen sein. Als Lebensfrist sollen dir viele Jahre gewährt werden... die besten aller Dinge dir gehören... Der Sand der Gegend, in der ich mein Leben friste, hat mich zugedeckt. Versprich mir, meinen Herzenswunsch zu erfüllen, dann werde ich dich als Sohn und Helfer anerkennen.«

Als Thutmosis Pharao von Ägypten wurde, löste er die ihm im Traum auferlegten Verpflichtungen ein. Er machte es sich zur vorrangigsten Aufgabe, den Tempel des Gottes Harmachis, die Sphinx von Giseh, durch seine Untertanen aus dem Flugsand ausgraben und erhalten zu lassen.

Heute werten Psychotherapeuten die Träume ihrer Patienten auf eine Weise aus, die der alten Technik der Traumtherapie südkalifornischer Diegueno-Indianer erstaunlich gleicht. Ein Diegueno mit sexuellen Problemen sucht einen Schamanen, den Medizinmann, auf. Dieser ermuntert seinen Patienten, mit ihm über seine Träume und sein Sexualleben zu sprechen – wie es tatsächlich verläuft und wie es seiner Vorstellung nach sein sollte. Der Schamane eröffnet seine Behandlung mit der Behauptung, es habe keinen Sinn, ihm etwas zu verschweigen, da er ohnehin alle Träume seines Patienten kenne. Manchmal wendet der Schamane eine leichte Hypnose an, um den Kranken zu helfen, ungehemmt zu sprechen. Danach unterhält sich der Medizinmann mit seinem Patienten über dessen Fantasievorstellungen und Sexualleben, lässt ihn zur Ader und verschreibt ihm eine bestimmte Diät. Einem Junggesellen empfiehlt er zu heiraten, damit er seine Fantasiewünsche durch echte Erlebnisse ersetzen kann.

Der australische Ureinwohner sieht in der Schöpfung »die ewige Traumzeit«, mit der die irdische Geschichte unlösbar verbunden ist. Die Welt ist der Traum eines erwachten Träumenden. Ein Traum, in dem die Ebenen der Wirklichkeit verschmelzen. Im Schamanismus wird immer wieder das Bemühen deutlich, den Zyklus von Leben, Tod und Wiedergeburt mit Hilfe des Traumes zu bewältigen. Als »neu geschmiedeter Mensch« glaubt der Schamane, die materiellen Grenzen des Daseins zu überwinden, die physikalischen Grenzen aufzuheben und in die Struktur des Universums einzugreifen. Und durch den Traum ist diese Möglichkeit ja auch tatsächlich gegeben.

In vieler Hinsicht ist mit Träumen eine besondere Art des Erlebens verbunden. Sie vollziehen sich »unter Ausschluss der Öffentlichkeit«, der Mensch kennt hier keine Hemmungen, denn in dieser über die Sinne hinausgehenden Welt existieren weder Verpflichtungen noch Tabus. Träume kündigen sich nicht an, sie sind unbeabsichtigt, meist unbeeinflusst durch den Willen und lassen sich nur in Ausnahmefällen steuern.

Im Traum erleben wir eine uns selbstverständliche Wirklichkeit – ob wir unserer eigenen Beerdigung beiwohnen, oder ob wir in einen Abgrund stürzen und unverletzt weitergehen. Im Traum ist alles möglich, wir können schweben, fliegen, können Dinge tun, die uns im Wachen versagt bleiben. In Träumen kommt es zu Begegnungen an Orten, die wir im Leben nie gesehen haben, und mit völlig fremden Menschen. Im Traum lebt der Schläfer in einer anderen Dimension, in einer anderen Wirklichkeit, wenn auch die Empfindungen seines Traumlebens denen seines Wachzustandes in einer gleichen Situation entsprechen. Doch selbst unrealistische Träume vermitteln durch ihren glaubwürdigen Charakter den Eindruck einer hintergründigen, im Wachzustand nicht verständlichen Wahrheit.

Träume sind ein Universalphänomen. Wie wir heute wissen, träumt jeder Mensch jede Nacht. Wir verbringen ein Drittel unseres Lebens im Traum.

In der modernen Schlaf- und Traumforschung hat man folgende drei Eigenschaften von Träumen herausgefunden:

a) Träume beschäftigen sich mit offenen emotionalen Problemen, die in der Psychiatrie als ungelöste Konfliktgebiete gelten. Ein im Tagesablauf kaum beachtetes, zufälliges Ereignis kann später zum besonderen Konfliktstoff werden. Als Zeitzünder löst es im Schlaf den Hauptinhalt eines Traum-

erlebens aus. Der auslösende Vorfall kann im Traum oft identifiziert werden und wird Tagesrückstand genannt.

b) In Verbindung mit dem in sein Bewusstsein eingedrun-
genen Konfliktstoff wird der Träumende aktiv. Im Rückblick
auf sein bisheriges Leben sucht er die Vergangenheit nach
Vorfällen ab, die irgendeine Beziehung zu dem ihn belasten-
den Konflikt haben könnten. In den Traum verwobene, längst
vergessene Vorfälle aus seiner Kindheit könnten möglicherweise den Ursprung seiner gegenwärtigen Unruhe beleuch-
ten. Es ist, als stelle sich der Träumende im Halbschlaf die
Frage, was mit ihm los sein könnte. Die Antwort darauf ist
das durch den Tagesrückstand eingedrungene, quälende Un-
ruhegefühl.

c) Sobald der Träumende den eigentlichen Vorfall und
dessen Verkettung mit bestimmten Aspekten seiner Vergangenheit gefühlsmäßig identifiziert hat, wird die volle Bedeutung des ihn beunruhigenden Vorfalls und seine Fähigkeit,
damit fertig zu werden, im Traum erforscht. Hier vollzieht
sich dann ein Prozess, der entweder zu einer Entscheidung
der durch den Konflikt mobilisierten Gefühle führt oder bei
deren Versagen oft das Erwachen auslöst.

Der Traum beginnt mit der Hintergrundszene und drückt die
Stimmung, den Gefühlsaspekt oder die durch den Tagesrückstand ausgelösten Ideen aus. Im mittleren Teil des Traumes
wird das nun projizierte, durch Vergangenheit und Gegenwart angereicherte Thema weiterentwickelt und mit Erfahrungen und Gefühlsebenen verkettet. Die Endphase des Traumes führt schließlich zur Auflösung. Wenn sie erfolgreich ist,
wird der Schlafzyklus fortgesetzt, bei Misserfolg wacht der
Träumende auf.

Im Verlauf des Prozesses wird der Träumende in eine nach

innen gerichtete emotionale Buchführung verwickelt, die
längst fällige Ausstände ans Licht bringt. Hier setzt das Bemühen ein, die Rechnung zu begleichen. In diesem Zusammenhang werden alle Einzelheiten genauestens aufgespürt.
Wenn die Unstimmigkeiten zu groß sind, um im Traum geklärt werden zu können, wird das erwachende Gehirn des
Träumenden zur Beratung gezogen.

Im Wachzustand werden wir oft hin und her gerissen und
reagieren meist um der Zweckmäßigkeit willen. Ein solches
Verhalten wirkt sich auf die Dauer zersetzend auf unser
Wertempfinden und unsere Selbstachtung aus. Eben diese
gelegentlichen Kompromissbereitschaften kommen im Verlauf der Selbstüberprüfung des Träumenden an die Oberfläche. Das Ausmaß entwürdigenden Verhaltens, in das wir
tagsüber verwickelt werden, spiegelt genau das Ausmaß wider, in dem wir in unseren Träumen verwundbar sind.

Entscheidend ist, dass der Traum im Zusammenhang mit
der Verarbeitung von Tagesrückständen und deren Ver-
gleichsanalyse mit gespeicherten Daten der Vergangenheit
die Psyche gleichzeitig auf die Konfrontation mit zukünftigen, zwischenmenschlichen Geschehnissen vorbereitet. Hier
vollzieht sich also ein Rückkoppelungseffekt. In anderen
Worten: Das Tagesgeschehen, mit Ereignissen und Erfahrungen, beeinflusst das Traumleben. Und das Traumgeschehen
beeinflusst wiederum zukünftige Tagesereignisse. So wirken
sich unsere Träume als unsichtbare Kraft auch auf unser Verhalten zu anderen Menschen aus.

Von allen veränderten Bewusstseinsstadien, die von Parapsychologen daraufhin untersucht wurden, ob sie auf ASW
(*Außersinnliche Wahrnehmung*) ansprechen, fanden sie Träume
besonders geeignet, vor allem in der REM-Phase. Die amerikanischen Wissenschaftler Montague Ullman, Stanley Kripp-

ner und Alan Vaughan haben im Auftrag des amerikanischen
National Institute of Mental Health Forschungen auf dem
Gebiet der Traumtelepathie durchgeführt. Bevor ein Psychoanalytiker seinem Beruf nachgehen kann, muss er sich erst
selbst einmal einer Psychoanalyse unterziehen. Als Ullman
daher 1947 eine Psychoanalyse machte, wurde ihm erstmals bewusst, dass sich im Traum paranormale Fähigkeiten
äußern können. Ullman berichtet, er habe Folgendes über
seinen Psychoanalytiker geträumt und diesen darüber bei
der nächsten Sitzung informiert:

»Ich betrat den Warteraum und bemerkte sofort, dass die
Möbel anders als sonst standen. Ich war von den lebhaften
Farben beeindruckt, suchte das große Polstersofa, das fehlte,
und erblickte dafür verschiedene moderne Stühle. Als ich ins
Behandlungszimmer kam, entdeckte ich ebenfalls Veränderungen, die mit dem Mobiliar zusammenhingen. Die flache
Liege mit dem Lederbezug war nicht mehr da, an ihrer Stelle
stand ein anderes Möbelstück. Ich wunderte mich, warum
ich mich nicht hinlegte, sondern mich beinahe sitzend zu-
rücklehnte, meinem Analytiker ins Gesicht sah, anstatt mich
abzuwenden.

In diesem Augenblick betraten einige Männer die Praxis.
Sie schienen wichtig und wohlhabend zu sein... Während
sich der Psychoanalytiker mit ihnen unterhielt, ging ich in
einen anderen Teil des Zimmers und sprach mit einem Halb-
wüchsigen, der mit den drei Männern gekommen war.

Als wir die Sitzung nach dieser Unterbrechung fortsetz-
ten, hatte ich in Verbindung mit dem Psychoanalytiker ein
unruhiges und ärgerliches Gefühl – vielleicht, weil er sich
während meiner Sitzung mit diesen Leuten beschäftigt
hatte.«

Während der Sitzung wurde Ullmans Traum nicht weiter

analysiert und geriet in Vergessenheit – bis zu einer späteren Sitzung, als er beim Betreten des Wartezimmers sofort feststellte, dass dort das große Sofa verschwunden war. Dafür fielen ihm kleine Stühle mit farbenfrohen Bezügen auf. Im Behandlungszimmer vermisste Ullman die gewohnte, flache Lederliege; an deren Stelle befand sich das große Sofa aus dem Wartezimmer.

Als Ullman den Psychoanalytiker darauf ansprach, erhielt er zur Antwort, die Liege würde beim Polsterer aufgearbeitet.

Etwa in der Mitte dieser Sitzung klingelte plötzlich das Telefon. Der Psychoanalytiker wurde vom Manager des Hotels, in dem er wohnte, in eine langatmige Konversation über ein größeres Appartement verwickelt, um das er gebeten hatte. Im Allgemeinen beendete der Psychoanalytiker derartige Anrufe sehr schnell, doch diesmal nahm das Gespräch kein Ende, und Ullman wurde immer ärgerlicher. Er suchte in seinem Notizbuch nach der Adresse eines Hotels, dessen Mitbesitzer sein Onkel war, und gab sie dem Analytiker mit der Bemerkung, der Onkel könne ihm in dieser Angelegenheit wahrscheinlich behilflich sein. Der Psychoanalytiker wiederum fragte Ullman, ob dieser Onkel ein bekannter Industrieller sei. Aus diesem Stichwort entwickelte sich eine kurze Unterhaltung über Manager-Persönlichkeiten, in deren Verlauf der Arzt zum größten Unbehagen Ullmans in seinem Notizbuch herumblätterte. Er befürchtete nämlich, ein paar seiner Bemerkungen über parapsychologische Untersuchungen könnten missverstanden werden.

In diesem Augenblick erinnerte sich Ullman wieder an seinen Traum, dem die veränderte Möblierung im Behandlungs- und Wartezimmer genau entsprach. Offensichtlich verkörperten die »wichtigen, wohlhabenden Männer« die Industriellen, über die sie sich gerade unterhalten hatten. Und

natürlich gab es auch Ullmans eigenen, unterdrückten Ärger
über den Psychoanalytiker, der sich während einer Sitzung
»zu sehr mit Eindringlingen« beschäftigt hatte. Daher kam
Ullman wieder auf seinen Traum zu sprechen, und die beiden
diskutierten nun parapsychologische Möglichkeiten in Verbindung mit Träumen. Der Arzt erklärte, er hätte sich lange
vor Ullmans Traum entschlossen, die Liege aus dem Behandlungszimmer dem Polsterer zu geben. Also könne der Traum
über die Möbelumstellung als telepathische Verbindung zwischen ihm und Ullman interpretiert werden und der Teil über
die störenden »wichtigen, wohlhabenden Männer« als Präkognition.

Dieses Traum-Schlüsselerlebnis regte Ullman dazu an, im
Maimonides Medical Center in Brooklyn, New York, paranormale Träume, vor allem aber die Auswirkung der Telepathie
im Traum, zu erforschen.

In den von Ullman und Kollegen der City University of
New York durchgeführten Experimenten wurden männliche
und weibliche Versuchspersonen in schalldichten Räumen
an ein EEG-Gerät angeschlossen, das vom Experimentator in
einem weiteren Raum überwacht wurde. In einem anderen
Gebäude, ebenfalls in einem schalldichten Zimmer, war der
telepathische Übermittler – der Sender – untergebracht.
Während der REM-Phase der Empfänger-Versuchsperson
hatte der Sender die Aufgabe, sich auf ein bestimmtes Bild
zu konzentrieren und dieses telepathisch an den Träumenden zu übermitteln. Diese Bilder und Symbole entstammten
einer Reihe von Kunstdrucken, die aufgrund ihrer emotionalen Intensität, lebhaften Farben und Einfachheit ausgewählt
worden waren.

Nach Beendigung der REM-Phase wurde der Schlafende
geweckt, über seinen Traum befragt und sein Bericht auf

Tonband aufgenommen. Die nächtlichen Träume der einzelnen Versuchspersonen wurden zusammen mit den ausgewählten Kunstdrucken an drei unabhängige Sachverständige zur Begutachtung geschickt, um die Traumberichte auf Übereinstimmungen mit dem telepathisch übermittelten Bildmotiv der Kunstreproduktion zu überprüfen. Die Ergebnisse dieser Überprüfung wurden nach folgender Punktskala bewertet:

a) keine Übereinstimmung   1 bis 20 Punkte
b) etwas Übereinstimmung   21 bis 40 Punkte
c) mäßige Übereinstimmung   41 bis 60 Punkte
d) große Übereinstimmung   61 bis 80 Punkte
e) außerordentliche Übereinstimmung 81 bis 100 Punkte

Die Erfolgsquote richtete sich verständlicherweise

1. nach Eignung des Empfängers
2. nach Eignung des Senders
3. nach den übermittelten Bildmotiven
4. nach der Anzahl der Versuchsnächte.

Bei der Kategorie außerordentliche Übereinstimmung wurden in einigen Fällen bis zu 65 Prozent Treffer erzielt.

Ein schlafender Empfänger, dem das Bild des japanischen Künstlers Hiroshige *Regenguss in Shono* telepathisch übermittelt wurde, auf dem ein Mann gebückt vor dem Regenschauer flüchtet, träumte: »Irgendetwas über einen kranken Orientalen... etwas, das mit einem Brunnen zu tun hat... mit Wassersprühen.«

Einem anderen Empfänger wurde El Grecos *Die Anbetung der Hirten* im Traum übermittelt. Sein Bericht darüber lautete: »Die Jungfrau Maria. Eine Christusstatue... Eine alte Kirche, deren Eingangssäulen von Gras überwachsen waren. Die Mutter Gottes hielt das Jesuskind im Arm.«

Gleich das erste Experiment brachte ein interessantes Ergebnis: Der als Sender agierende Mitarbeiter Ullmans, Sol Feldstein, konzentrierte sich auf ein Bild des japanischen Malers Tamayo, auf dem zwei tückisch aussehende Hunde mit gefletschten Zähnen Fleisch fressen. Eine weibliche Versuchsperson träumte, sie hätte gemeinsam mit einer Freundin an einem Bankett teilgenommen. Diese Freundin habe eifersüchtig darüber gewacht, dass nur ja niemand mehr Fleisch erhielt als sie selbst. Die anderen Gäste hätten über die junge Frau getuschelt und sie gierig genannt.

Diese Tendenz, die Vorstellungsbilder eines Empfängers in eine andere Terminologie zu übertragen, die mit dessen täglichem Leben in Verbindung steht, konnte seither oft festgestellt werden, ebenso wie die Neigung, störendes oder emotional aufgeladenes Material in weniger beunruhigende Bereiche zu übertragen.

In einem anderen Experiment las der Sender in der Nicht-REM-Phase in einer Zeitschrift einen illustrierten Artikel über Oben-ohne-Baden. Später berichtete einer der männlichen Schläfer, er habe einen Traum über die antiken Büsten zweier Frauen gehabt. Dieser Zwischenfall lenkte die Aufmerksamkeit auf das Problem des Einsickerns unbeabsichtigten Materials in die Träume der Versuchspersonen. Daraufhin wurde das Lesen während der Versuche untersagt. Bei den Experimenten in Maimonides stellte sich heraus, dass die besten Resultate erzielt wurden, wenn beide – Sender und (Traum-)Empfänger – männlichen Geschlechts waren. Die zweitbesten Ergebnisse zeigten sich bei einem weiblichen Sender und einem männlichen Empfänger, während die Resultate unbedeutend waren, wenn beide weiblich waren.

Die Wissenschaftler Ullman, Krippner und Vaughan ziehen in ihrem Buch *Dream Telepathie* folgenden Schluss aus ihren Versuchen: »Unsere elementarste Erkenntnis könnte auf der wissenschaftlichen Demonstration der Freudschen Feststellung beruhen: ›... der Schlaf schafft günstige Bedingungen für Telepathie‹.«

Der außersinnlichen Wahrnehmung (ASW) aufgeschlossene Personen fühlen sich im Schlaflabor relativ entspannt. Da sie keine inneren Widerstände haben, sind sie häufig besonders aufnahmefähig für Telepathie. Das hat sich in den Versuchsreihen deutlich gezeigt. Ungeachtet des Berufs, der Herkunft, des Lebensweges, wachgerufener paranormaler Fähigkeiten oder auch der Kenntnis, schon früher einmal ein ASW-Erlebnis gehabt zu haben, konnte die Mehrzahl der Versuchspersonen – 56 von 80 – von Übereinstimmungen berichten, die auf Telepathie zurückzuführen sind.

Viele von uns erleben hin und wieder paranormale Phänomene. Sie kommen bei einander nahe stehenden Personen relativ oft zum Ausdruck: Wenn von zwei getrennt lebenden Freunden der eine intensiv an den anderen denkt, geschieht es oft genug, dass dieser kurz darauf von ihm spricht. Oder: Zwei Menschen befinden sich in einem Raum. Dem einen geht eine Melodie durch den Kopf, die der andere dann pfeift. Wir denken an einen uns nahe stehenden Menschen – das Telefon läutet, und er ist am Apparat.

Viele Menschen, auch einige Tiere, sind mit Fähigkeiten zur telepathischen Kommunikation ausgestattet, einerseits zum Senden und andererseits zum Empfang telepathischer Nachrichten.

Parapsychologen hegen keinen Zweifel mehr daran, dass Menschen parapsychologische Phänomene auslösen können, wenn auch die dabei wirksam werdenden Mechanismen bisher ungeklärt sind. Es wird jedoch vermutet, dass irgendein tragendes Medium, eine übermittelnde Kraft, für ASW notwendig ist, damit PSI-Signale vom Empfänger aufgefangen werden können.

Zahlreiche Wissenschaftler, zu denen auch der englische Biologe Alister Hardy gehört, betrachten die Telepathie als elementares biologisches Prinzip, dem in der Evolution eine Schlüsselrolle zukommt. Ihrer Ansicht nach könnte Telepathie nicht nur den Zusammenhalt so komplizierter Gesellschaftsstrukturen wie der der Bienen oder Ameisen garantieren, sondern auch dafür verantwortlich sein, dass neue Eigenschaften, die zur Anpassung an veränderte Umweltbedingungen entwickelt wurden, schnelle Ausbreitung finden.

Alles deutet darauf hin, dass zwischen jeder Art von belebter, ja, sogar zwischen unbelebter Materie ein Informationsaustausch stattfindet. Tiere und Pflanzen nehmen diese Informationen unbewusst (instinktiv) auf. Beim Menschen übernimmt das Unterbewusstsein die Verantwortung für diese außersinnlichen Wahrnehmungen. Nur in Ausnahmefällen dringen diese Informationen über eine Kette von Reaktionen ins Bewusstsein, da wir uns viel häufiger in einer Art Halbbewusstsein befinden, in das die vom Unterbewusstsein gefilterten Informationen tröpfchenweise entlassen werden. Wir haben ein ungutes Gefühl, eine Vorahnung, wissen aber nicht, warum. Wir fühlen uns beobachtet und erfahren später, dass wir tatsächlich beobachtet wurden. Immer wieder entstehen so unbegreifliche Phänomene wie Intuition oder Präkognition.

Der amerikanische Mathematiker William Cox ging jahrelang den Ursachen von Eisenbahnunfällen nach. Als Nebenprodukt fielen dabei Daten über die Gesamtzahl der Reisenden in den betreffenden Zügen zum Zeitpunkt der Unfälle ab. Dieses Material verglich er mit der Anzahl der Passagiere, die vor dem Entgleisen des Zuges sieben Tage lang die gleiche Strecke mit eben diesem Zug gefahren waren. Dann überprüfte Cox zusätzlich die Anzahl der Reisenden am 14., 21., und 28. Tag vor dem Unglück. Ergebnis: Züge, denen Entgleisungen bevorstanden, wurden tatsächlich gemieden. In den beschädigten oder aus den Gleisen gesprungenen Wagen befanden sich stets weniger Fahrgäste als gewöhnlich zur gleichen Tageszeit auf der gleichen Strecke. Es zeigte sich ein derartiger Unterschied, dass der Zufall mit 1:100 ausgeschlossen werden konnte.

Wer von uns weiß schon, ob unsere Vorahnungen nicht auf einer mathematischen Wirklichkeit beruhen und ob nicht eine Art von Kollektivwissen über die Zukunft existiert. Hängt die Kunst des Überlebens nicht zuletzt davon ab, Unglücksfälle möglichst zu verhindern oder zu meiden, indem man seinen Ahnungen mehr Beachtung schenkt, egal woher sie kommen mögen?

Pro und Kontra –
Phänomene am Himmel

Rätselhafte Flugkörper soll es, folgt man der Literatur, schon immer gegeben haben. Aus altersgrauen Niederschriften, Dokumenten, Büchern, Briefen, aus Zeitungsredaktionen und Klosterarchiven werden Zeugenaussagen, Beschreibungen, Erklärungsversuche und Protokolle zusammengeklaubt. Die Literatur darüber schwillt zu Bergen an, besonders im englischen Sprachgebiet. Die Vorlage echter historischer Beweise für UFO-Sichtungen ist logischerweise schwierig, denn je älter der Bericht, umso eher erliegt er fantasievollen Ausschmückungen oder religiösen Untertönen.

So ist z. B. in den Aufzeichnungen des Grafen Gabalis festgehalten, dass sich zur Regierungszeit Karls des Großen im Jahre 814 Folgendes zutrug: Eines Tages wurde beobachtet, wie drei Männer und eine Frau einem Luftschiff entstiegen. Die ganze Stadt lief in Aufruhr zusammen, und die Masse schrie und tobte: »Zauberer seid ihr! Grimaldus hat euch gesandt, Frankreichs Ernte zu vernichten!« (Grimaldus, Herzog von Beneventum, war der Erzfeind Karls des Großen.) Zwar beteuerten die vier ihre Unschuld, aber niemand glaubte ihnen, dass sie Landsleute seien, die von mirakelhaften Männern für kurze Zeit in einem Luftschiff entführt worden waren, um Wunderdinge zu sehen, über die sie auf der Erde berichten sollten. Zur rechten Zeit erschien der Bischof von Lyon, Agobard, auf dem Marktplatz, um die Unglücklichen vor dem Scheiterhaufen zu retten. – Nachdem er Anklage und Verteidigung gehört hatte, entschied er: »Da die vier nicht vom Himmel gefallen sein können, ist die ganze Geschichte erlogen.« Die Gläubigen trauten ihrem Bischof mehr als den eigenen Augen...

Heute berichten Astronauten, Piloten, Polizisten, Hausfrauen, Pastoren, Kinder, Bauern, Militärs – sogar Radarschirme – von unbekannten Flugobjekten. Ein gefundenes Fressen für Presseschlagzeilen in aller Welt:

»Mehr Dinge am Himmel, als die USA-Luftwaffe sich träumen lässt!«

»Mehr UFOs: Bekam der Herr Vikar eine Antwort?«

»Polizei jagt fliegendem Objekt nach.«

»UFOs? Irgendwas muss doch dran sein!«

»Flugzeug-Auftank-Theorie für UFOs.«

»Düsenriese auf Kollisionskurs mit Rätselflugkörper.«

»Fliegendes Objekt NICHT Venus, sagt Observatorium.«

»Jetzt stoppen UFOs den Verkehr.«

»RAF-Düsenjäger jagen Pilz am Himmel.«

»UFO-Rätsel – Das Ganze noch einmal von vorn.«

Die Meinungen über unbekannte fliegende Objekte werden im großen Ganzen durch zwei gegensätzliche Gruppen vertreten. Die eine, die das Thema von vornherein als kompletten Blödsinn abtut und die andere, die ein fanatisch-religiöses Glaubensbekenntnis daraus macht.

Die eine Seite ist – von keinerlei Sachkenntnis getrübt – ganz einfach von Vorurteilen besessen, während die andere sehr oft aus Spinnern, Wunschträumern oder gerissenen, skrupellosen Schwindlern besteht.

Doch außer diesen Extremisten existiert eine Reihe verantwortungsvoller, aufrichtiger Menschen aus allen Gesellschaftsschichten, die konkrete, echte, aber verwirrende Beobachtungen unerklärbarer fliegender Objekte erlebten. Und eben die zahlreichen Beobachtungen dieser Art machen das wirkliche UFO-Problem aus.

Bis jetzt bleibt uns nichts anderes übrig, als über unbekannte Flugobjekte zu spekulieren, denn handgreifliche Beweise gibt es nicht. Allerdings ließe sich aus den folgenden Berichten über die Verhaltensweise dieser unerklärbaren Flugobjekte schließen, dass es sich um irgendeine Art gesteuerter Maschinen handeln könnte.

Der Funker Norman Baker des Papyrosbootes R A 2 des norwegischen Forschers Thor Heyerdahl meldete bei einem Treffen mit dem Forschungsschiff Calamar der Vereinigten Nationen Anfang 1970 in einer Nachricht, die Besatzung des Bootes habe zum dritten Mal ein unbekanntes Flugobjekt beobachtet. »Bei der Nachtwache habe ich ein flaches, kreisförmiges leuchtendes Objekt gesehen. Heyerdahl und der mexikanische Anthropologe Santiago Genoves beobachteten das Phänomen über zehn Minuten lang gemeinsam mit mir.« Gleichzeitig wurden in Clearwater, im amerikanischen Bundesstaat Florida, ähnliche Meldungen über die Sichtung eines UFOs vom Kapitän der Calamar aufgenommen. Die Beobachtungen beider Schiffe wurden von Bewohnern der Inseln St. Thomas und St. Croix in der Karibischen See bestätigt.

Über die Jahre wurden viele Tausende von UFO-Sichtungen gemeldet. Eine von Gallup veranstaltete Umfrage in den USA ergab, dass zirka fünf Millionen Menschen bereits mysteriöse Flugobjekte gesehen haben wollen. Wie viele Sichtungen nicht gemeldet werden, ist unbekannt. Ein großer Prozentsatz aller Berichte dürfte zweifellos auf das Konto von Fehl-Identifizierungen bekannter Phänomene wie z. B. Ballons, Flugzeuge, Satelliten, Meteoriten gehen. Aber man darf doch wohl kaum hoch qualifizierten Experten wie Piloten, Astronomen, Astronauten usw. solcher Art Fehldiagnosen unterstellen?

Am 16. Januar 1958 beteiligte sich das brasilianische Marine-Forschungsschiff Almirante Saldanha am International Geophysical Year Project. Gegen zwölf Uhr mittags lichtete es die Anker in Trinidad. Neben der Besatzung nahmen der brasilianische Luftwaffenoffizier i. R. Kapitän Th. Viegas, Wissenschaftler, hoch qualifizierte Marineforscher und der Unterwasser-Fotoexperte Almira Barauna teil.

Der Kapitän befand sich mit verschiedenen Wissenschaftlern und Besatzungsmitgliedern an Deck, als plötzlich ein »saturnförmiges Gebilde« am Himmel auftauchte. Alle sahen es zur gleichen Zeit. Das Objekt kreuzte die Insel vom Osten her, nahm Direktkurs auf Desjado Peak, drehte abrupt und raste in Richtung Ost-Nord-Ost davon. Man hatte sofort nach Barauna gerufen, der mit seiner Kamera auf Deck stürzte. Trotz der Aufregung gelangen ihm einige hervorragende Aufnahmen. Nach erschöpfender Analyse der Bilder und Negative durch die Laboratorien der Kriegsmarine zur Auswertung von Fotomaterial wurden die Bilder mit Zustimmung des brasilianischen Präsidenten als absolut echt zur Veröffentlichung freigegeben. Schlagzeilen in Rio de Janeiros *Correio Da Manha* erschienen darüber am 21. Februar. *United Press* (Rio) übernahm den Bericht mit dem Zusatz, das Marineministerium habe die Authentizität der Aufnahmen bestätigt. Internationale Anerkennung war die Folge.

»Nur unwissenschaftliche Wissenschaftler verneinen die Möglichkeit außerirdischer Existenz von Lebewesen«, kommentierte der berühmte Astronom Dr. Clyde Tombaugh, der 1930 den Planeten Pluto entdeckt hatte. »Während der letzten sieben Jahre habe ich drei Objekte gesehen, die beim besten Willen weder als Venus, natürliche Phänomene der Atmosphäre, Meteore oder Flugzeuge weg erklärt werden könnten«, sagte er im Jahre 1956. »Als Astronom bin ich ein geübter

Beobachter; ich habe acht grüne Feuerbälle gesichtet, die sich absolut unterschiedlich zu den uns schon bekannten grünen Feuerbällen fortbewegten.« Und der Leiter der Raketenstation White Sands in New Mexico, Colonel MacLaughlin, äußerte sich: »Ich habe oft beobachtet, wie fliegende Untertassen Raketen, die von der Versuchsstation White Sands aus gestartet wurden, folgten und sie überholten.«

Auch einer der bekanntesten englischen Astronomen, Dr. H. Wilkins, der während eines Fluges von Charleston nach Atlanta drei ovale UFOs sichtete, äußerte sich positiv: »Falls diese soliden Objekte in der Lage sind, sich in jeder gewünschten Richtung mit jeder gewünschten Geschwindigkeit zu bewegen, dann müssen sie von einer dem Menschen weit überlegenen Intelligenz gesteuert und manipuliert werden.«

Und was soll man zu den folgenden Astronauten-Sichtungen sagen? Während sich Gemini IV im Jahre 1965 auf dem zwanzigsten Erdorbit befand, berichteten James McDivitt und Ed White Houston über die Annäherung eines silbernen Objekts mit antennenähnlichem Gestänge. Es gelangen ihnen einige Aufnahmen. Da sich das Objekt immer mehr näherte, rechneten die Astronauten mit einer Kollision und überlegten Gegenmaßnahmen. Doch bevor diese notwendig wurden, verschwand das Objekt plötzlich spurlos. Satelliten waren während der Begegnung außer Reichweite.

Frank Borman und James E. Lovell jun. sichteten auf ihrem zweiten Orbit in Gemini VII ein unbekanntes Objekt über Antigua. Bevor es der Sichtweite der Astronauten entschwand, verlangsamte es sein Tempo offenbar und fiel zurück. Es darf nicht vergessen werden, dass Astronauten hoch qualifizierte Fachleute sind, die mit Raketen und Satelliten absolut vertraut sind. Eine Verwechslung war für sie kaum denkbar.

Auch diese Berichte klingen sehr glaubwürdig: Im Missionsbereich der Anglikanischen Kirche von Boianai auf Neuguinea trug sich 1959 ein Vorfall zu, der den Beteiligten noch für Jahre in lebhafter Erinnerung blieb.

Der an der australischen University of Brisbane graduierte Reverend William Gill, Priester der Anglikanischen Kirche und Leiter der Mission, berichtet in seinen Aufzeichnungen über folgenden Vorfall am 27. und 28. Juni 1959 in Boianai:

»Ich schickte mich gerade an, ums Haus zu gehen. Als mein Blick den westlichen Himmel streifte, fiel mir ein Licht auf. Es stand dort in einem Winkel von 45° und war riesig. Natürlich kam mir so etwas wie fliegende Untertassen nur insofern in den Sinn, als ich dachte: ›Schon möglich, dass sich manche Leute solche Dinger vorstellen können, aber ich ganz bestimmt nicht.‹ Jedenfalls rief ich Eric Kodawara und fragte ihn: ›Was siehst du da oben?‹ ›Sieht wie ein Licht aus‹, bekam ich zur Antwort. ›Gut‹, bestätigte ich. ›Geh rasch und hole Lehrer Steven Moi hierher.‹

Als Eric zurückkam, trommelte er alle erreichbaren Missionsangehörigen zusammen, dann standen wir alle miteinander da und starrten zum Himmel. Als wir schließlich zum höher gelegenen Spielplatz hinaufgingen, stand das Ding immer noch am Himmel.

Ich hatte mir rasch einen Notizblock und Stift geholt, weil ich dachte, wenn etwas passierte, dann jetzt. Morgen würde ich bestimmt aufwachen und glauben, alles nur geträumt zu haben. Schwarz auf weiß niedergeschrieben, würde ich wenigstens wissen, dass es wirklich passiert war.«

Reverend Gill hat minuziös festgehalten, was sich an jenem denkwürdigen Abend zwischen 18.45 Uhr und 23.04 Uhr ereignete:

»18.45: Himmel mit niederer, aufgerissener Wolkendecke überzogen. In nordwestlicher Richtung helles, glänzendes Licht.

18.50 Uhr: Steven und Eric gerufen.

18.52 Uhr: Steven kommt, bestätigt: kein Stern.

18.55 Uhr: Beauftrage Eric, die Missionsangehörigen zu holen.

Auf der Oberfläche des auf der Stelle schwebenden unbekannten Flugkörpers bewegt sich etwas – ein Mensch?

Jetzt drei Figuren. Bewegen sich. Tun irgendetwas. Sind verschwunden.

19.00 Uhr: Figuren 1 und 2 (wie ich sie bezeichne) wieder aufgetaucht.

19.04 Uhr: Wieder weg.

19.10 Uhr: Himmel von etwa 2000 Fuß (600 m) hoher Wolkendecke überzogen.

Figuren 3, 4, 2 (in dieser Reihenfolge) wieder da.

Schwacher blauer Scheinwerfer brennt. Figuren verschwinden. Licht brennt noch.

19.12 Uhr: Figuren 1 und 2 zurückgekommen. Blauer Scheinwerfer noch an.

19.20 Uhr: Scheinwerfer aus. Figuren gehen. Scheibe durchstößt Wolke.

20.28 Uhr: Hier ist der Himmel wieder klar. Über Dagura große Wolke zu sehen. Missionsleute wieder herbeigerufen. Das Ding wird größer, scheint herabzusinken.

20.29 Uhr: Über dem Meer ist ein zweites Flugobjekt, es schwebt zeitweise auf einer Stelle.

20.35 Uhr: Neue Wolken kommen auf.

20.50 Uhr: Großes Flugobjekt verharrt auf der Stelle. Riesig. Andere kommen und gehen durch die Wolken. Großer Lichthof reflektiert beim Durchstoßen der Wolkendecke.

Alle Flugobjekte gut erkennbar. ›Mutterschiff‹ groß und deutlich.

21.05 Uhr: Wolkenfetzen; Objekte 2, 3 und 4 verschwunden.

21.10 Uhr: Objekt 1 in Wolke eingetaucht.

21.20 Uhr: ›Mutterschiff‹ (UFO) zurück.

21.30 Uhr: ›Mutter‹ überm Meer Richtung Giwa verschwunden.

21.46 Uhr: Über uns ist UFO wieder aufgetaucht, schwebt auf der Stelle.

22.00 Uhr: Schwebt dort unverändert.

22.10 Uhr: Schwebt, Wolke zieht darüber hin.

22.30 Uhr: Schwebt zwischen Wolken sehr hoch am Himmel.

22.50 Uhr: Himmel stark bezogen. Keine Flugobjekte mehr sichtbar.

23.04 Uhr: Wolkenbruch.

Notizen der Beobachtung unbekannter Flugobjekte zwischen 18.45 Uhr und 23.04 Uhr.   gezeichnet: William B. Gill«

In Ergänzung zu seinen Notizen und den von ihm angefertigten Zeichnungen berichtete Gill Folgendes:

»Die Gestalten 1 und 2 zeigten sich um 19.12 Uhr. Ein blaues Licht brannte. Hier möchte ich erwähnen, dass die Höhe der Wolkendecke im Vergleich zum Berg etwa zweitausend Fuß (600 m) betrug. Alles spielte sich unterhalb der Wolkendecke ab. Um diese Zeit hatte sich der Himmel innerhalb von 20 Minuten bezogen. Um 19.20 Uhr durchbrach das große Flugobjekt die Wolken. Um 20.28 Uhr war der Himmel zwar noch bewölkt, lichtete sich aber, wenn er über dem Dorf Giwa auch noch bedeckt blieb. Dort schien ein UFO herunterzukommen, denn es wurde immer größer. Da rief ich die Missionsangehörigen zum zweiten Mal an diesem Abend zusammen. Andere Flugobjekte tauchten zwischen den Wolken auf und verschwanden wieder. Wie ich schon sagte, war die geschlossene Wolkendecke inzwischen aufgerissen. Wenn sie abwärts schossen, um blitzschnell wieder aufzusteigen, reflektierten die Wolken ihr Leuchten. Die Flugmanöver schienen ihnen offensichtlich Spaß zu machen.

Am nächsten Abend erschienen sie wieder über Boianai. Und das wurde zum interessantesten Erlebnis. Wir befanden uns gerade auf einem Spaziergang, als eine der Hospitalschwestern auf das Flugobjekt aufmerksam wurde. Es tauchte gegen 18.00 Uhr auf – früher als am vorangegangenen Abend und viel näher. Obwohl es bereits dämmerte, war das Flugobjekt deutlich erkennbar. Es war in schimmernden Glanz getaucht, und ganz oben, auf dem ›Deck‹, wie es von mir genannt wurde, stand wieder eine Gestalt, der sich drei andere hinzugesellten. Dann tauchten zwei kleinere Flugkörper auf, einer senkrecht über uns, der andere über den Hügeln.

›Bin gespannt, ob es auf dem Spielplatz landen wird‹, bemerkte Lehrer Ananias. Wir winkten nach oben, um sie zu begrüßen, und sie winkten tatsächlich zurück. Eric, der mich ständig begleitete, und ein anderer junger Mann schwenkten die Arme zum Zeichen der Begrüßung über den Köpfen und erhielten auf die gleiche Weise Antwort.«

Reverend Gill berichtet weiter, dass auch er und Lehrer Ananias erneut winkten und die Gestalten auf »Deck« des unbekannten Flugobjektes den Gruß – zur Begeisterung der Missionsangehörigen – stets prompt erwiderten.

Bei Einbruch der Dunkelheit ließ sich Gill eine Taschenlampe holen und sandte damit immer wieder lange Blinkzeichen nach oben. In Beantwortung begann das UFO nach einer Weile sanft in der Luft vorwärts und rückwärts zu schaukeln.

Von den 38 Zeugen, die diese Vorfälle beobachteten, unterzeichneten 25 den von Reverend William Gill verfassten Bericht. Fünf von ihnen waren Lehrer, drei medizinische Assistenten, die restlichen waren Eingeborene.

Aus Aufzeichnungen von Reverend Norman E. G. Cruttwell von der anglikanischen Mission in Menapi, Papua, geht hervor, dass zurzeit des Vorfalls in Boianai sehr viele Beobachtungen ähnlicher Art über Papua gemacht wurden. Der erste Sichtungsbericht aus dieser Zeit stammt vom damaligen in Port Moresby stationierten Direktor der Zivilen Luftfahrt für Papua, T. P. Drury.

Hierzu schreibt Gill:

»Die Boianai-Sichtungen waren der Höhepunkt einer zwar relativ kurzen, aber umso außergewöhnlicheren Aktivität unbekannter Flugobjekte im östlichen Neuguinea. Augenzeugen waren sowohl Eingeborene als auch Europäer. Gebildete Papua berichteten genauso darüber wie Eingeborene, die weder lesen noch schreiben konnten, so gut wie unberührt von westlicher Zivilisation waren und bis dahin noch nie etwas von ›Fliegenden Untertassen‹ gehört hatten.«

Auch der inzwischen verstorbene Professor Allen Hynek, damaliger offizieller Berater der US-Luftwaffe in Zusammenhang mit dem UFO-Geheimprojekt »Blue Book« (ehemaliges geheimes UFO-Untersuchungsprojekt der US-Luftwaffe), nahm zu den Sichtungen in Boianai wie folgt Stellung:

»Als ich das Britische Luftfahrtministerium 1961 offiziell in Zusammenhang mit dem Projekt ›Blue Book‹ aufsuchte, wurden mir erstmals Einzelheiten über diesen Vorgang mitgeteilt. Hier erfuhr ich, dass sich die Ansichten der britischen

Militärs in Bezug auf das UFO-Problem im Wesentlichen mit denen von ›Blue Book‹ deckten; die britische und auch andere Regierungen hofften, dass die US-Luftwaffe dieses Problem lösen würde … Zwischenzeitlich konnte ich mir Einblick in einen vollständigen Bericht über diesen Fall verschaffen. Außerdem schickte mir Reverend Gill ein langes, von ihm besprochenes Tonband. Darüber hinaus ging mir ein weiteres Tonband zu, auf dem ein Gespräch von über einer Stunde Dauer zwischen meinem Kollegen Fred Beckman und Reverend Gill festgehalten ist.

Vor einer Beurteilung des Falls sollte Reverend Gill gehört werden.

Nach Auszügen seines Tonbandes zu urteilen, ist Gill zweifellos aufrichtig. Er äußert sich gelöst und genau. Einzelheiten schildert er langsam und mit Vorbedacht. Art und Inhalt der Tonbänder überzeugen. Dass ein Priester der Anglikanischen Kirche zur vorsätzlichen Täuschung eine Geschichte erfinden würde, ist kaum anzunehmen, zumal über zwei Dutzend Zeugen darin verwickelt waren. Kritikern ist nicht allgemein bekannt, dass es sich bei diesem Vorfall nur um einen unter mehr als sechzig handelt, die sich im gleichen Zeitraum in Neuguinea zutrugen. Diese wurden alle von Reverend Norman Cruttwell, einem Kollegen Gills, untersucht. Er berichtete über alle Vorfälle; aber nur in einem, dem in Boianai, wurde die UFO-Besatzung – und zwar humanoide Wesen – beobachtet.

Als Ergänzung zu den Sichtungen von Boianai sollte nicht unerwähnt bleiben, dass ein weiterer, unabhängiger Zeuge eines der UFOs gesehen und beschrieben hat.

Der Geschäftsmann Ernie Evenett war am 26. Juni von Samurai nach Boianai unterwegs, als er ein hellleuchtendes Objekt am Himmel sah, das auf ihn zukam. Evenett berichtete später: »Als es immer näher und näher in meiner Richtung abstieg, wurde es ständig größer und langsamer. Schließlich schwebte es etwa 160 Meter in einem Winkel von 45 Grad über mir. Das Objekt wurde dunkler, nur noch die Bullaugen blieben hell erleuchtet. Es hatte die Umrisse eines Rugbyballs und war von einem Ring umgeben, unter dem vier oder fünf halbkugelförmige Fensterwölbungen zu sehen waren.«

In der Befehlszentrale des Militärflughafens Godman, Kentucky, klingelte das Telefon: »Mehrere Highway Patrols haben ein seltsames scheibenförmiges Objekt mit orangerotem Feuerkranz durch die Luft fliegen sehen«, meldet die Staatspolizei. Vom Militärposten Fort Knox kommt kurz darauf die gleiche Meldung und auch die Militärverwaltung in Lexington folgt mit einem identischen Bericht. Daraufhin entschließt sich der Platzkommandant, drei P 51-Maschinen zur Erkundung einzusetzen.

Captain Thomas F. Mantell, mit über 3600 Flugstunden ein erfahrener Jagdflieger, bekommt den Auftrag, das mysteriöse Objekt zu stellen und nötigenfalls abzuschießen. Zwei Flügelpiloten sollen ihn absichern und gegebenenfalls eingreifen.

Die drei Maschinen gleiten dröhnend über die Betonpiste, heben ab, steigen waghalsig steil auf und ziehen beinahe senkrecht in den Himmel.

Datum: 7. Januar 1948, Zeit: 14.56 Uhr. Radargeräte verfolgen den Weg der Jagdmaschinen. Um 15.00 Uhr meldet sich Mantells Stimme über den Lautsprecher im Kontrollturm: sehe noch nichts, drehe in Richtung Ohio River Falls ab.

15.02 Uhr Immer noch nichts, Sicht absolut klar, bin auf 28 000 Fuß, steige weiter, Ende.

15.09 Uhr Höhe 31 000 Fuß, noch nichts zu sehen.

15.11 Uhr Jetzt, da ist das Ding! Form wie eine Scheibe, es ist enorm groß, schwer zu schätzen, würde sagen ungefähr 80 yards (72 m), hat einen Ring und eine Kuppel an der Oberfläche, scheint rasend schnell um zentrale Vertikalachse zu rotieren, Höhe 31 500 Fuß, Ende.

Auf dem Kontrollturm herrscht fieberhafte Aufregung. Die Radarspezialisten starren gebannt auf ihren Bildschirm, um das geheimnisvolle Ding zu sehen. Was für eine gewaltige Scheibe!

15.12 Uhr Meldung vom rechten Flügelpiloten: Ich sehe die Scheibe, ich fotografiere, Mantell ist ihr auf den Fersen. »Es ist knapp 200 Fuß über mir, versuche ranzukommen«, unterbricht der linke Begleitflieger.

15.14 Uhr Captain Mantell: Bin auf 1000 yards ran, habe doppelte Geschwindigkeit, erwische es auf jeden Fall, sieht metallisch aus, glänzt, ist in hellgelbes Licht gehüllt – wird rot, orangerot...

15.15 Uhr Entfernung jetzt knapp 400 yards, das Ding wird schneller, versucht mir zu entkommen, Steigwinkel schätzungsweise 45 Grad, Ende.

15.16 Uhr Ruf vom rechten Flügelpiloten: Mantell ist beinahe dran, kann sich nur noch um wenige yards handeln, Scheibe wird schneller, ich kann nicht mehr mit.

Mantell ist in der Wolkendecke verschwunden; die Flügelpiloten Hammond und Clements geben auf und bitten um Landeerlaubnis.

15.18 Uhr meldet sich Mantell ruhig: Das verrückte Ding ist irrsinnig schnell – jetzt, jetzt...

Mantell rief nicht mehr.

Die Trümmer von Mantells Maschine wurden gegen 16.00 Uhr, über mehr als eine Meile im Umkreis verstreut, aufgefunden. Von Captain Mantell war nicht mehr viel übrig.

Der Schriftsteller Desmond Leslie äußert sich zu diesem Vorfall: Ich hatte das unwahrscheinliche Glück, einen Augenzeugen dieses Dramas zu treffen. Während einer Atlantik-Kreuzung auf der alten »Queen Mary« im Jahre 1954 kam ich mit einem Ingenieur namens Scott ins Gespräch. Er war zurzeit des Absturzes von Mantell auf dem Godman Flugstützpunkt stationiert und hatte das zur Debatte stehende UFO gesehen. Hier ist sein Report: »... Die Wolkenhöhe betrug 5000 Fuß. Eine riesige, mattgraue, metallische Scheibe tauchte hin und wieder aus den Wolken auf. Es war daher einfach, ihre Geschwindigkeit mit 110 Meilen pro Stunde und ihre Größe mit zirka 300 Fuß im Durchmesser zu kalkulieren. Captain Mantell erhielt den Befehl zur Aufklärung, und seine Radiodurchsagen wurden im Kontrollturm auf Band aufgenommen. Seine letzte Durchsage lautete: ›Großer Gott, es ist enorm groß, es hat Fenster ...‹ Scott sagte, er habe die Bandaufnahme dieser letzten Meldung mit abgehört. Prompt wurde sie aus dem späteren offiziellen Report geschnitten.«

Nach einer Zwischenlandung in Island startete die Boeing 747 der Japanese Airlines (JAL) am 17. November 1986 erneut, um nach Anchorage, Alaska, weiterzufliegen. Die Frachtmaschine mit der Flugnummer JAL 1628 war mit einer Ladung Beaujolais an Bord von Paris nach Tokio unterwegs. Der damals 49-jährige, inzwischen pensionierte Flugkapitän Kenju Terauchi galt als ruhiger, zuverlässiger Pilot, der für seine Fluggesellschaft in 19 Jahren einige Millionen Flugkilometer zurückgelegt hatte. Im Licht des Vollmondes war die Sicht gut, und trotz einiger Turbulenzen verlief der Flug problemlos. Nach der Überquerung der nordpolaren Region Kanadas wechselte Terauchi zur südwestlich gelegenen arktischen Flugroute über. Es war 16.25 Uhr Alaska-Zeit. In dieser Gegend ist es Mitte November rund um die Uhr dunkel. Die Sonne kommt hier erst im März wieder zum Vorschein. In Edmington gab der Flugkapitän seine Position an die Bodenstation durch und wurde aufgefordert, sich in Anchorage zu melden.

Es war 17.05 Uhr, als JAL 1628 auf dem Radarschirm der Bodenstation registriert wurde und der Frachtmaschine eine andere Flugroute zugeteilt wurde. Als Terauchi daraufhin seinen Kurs in einer Linkskurve änderte, entdeckte er dabei unerwartet zwei nicht identifizierbare Lichter. Er und seine Besatzung vermuteten Flugzeuge, denn die Lichter bewegten sich mit der gleichen Geschwindigkeit von 900 Stundenkilometern und in derselben Richtung vorwärts wie die JAL-Frachtmaschine.

Als die Objekte jedoch ihre Position unverändert beibehielten, begann sich die Crew ein wenig zu wundern. Tameto, der 1. Offizier, funkte an Anchorage Center: »Hier Japanese Airline 1628. Haben Sie über uns irgendwelchen Flugverkehr festgestellt?« Anchorage: »Negativ, JAL 1628.« JAL 1628 ruft Anchorage: »Etwa eine Meile vor uns sind zwei Flugobjekte.« Anchorage an JAL 1628: »Können Sie den Flugzeugtyp identifizieren? Ist zu erkennen, ob es sich um Militär- oder Zivilmaschinen handelt?« JAL 1628: »Typ nicht identifizierbar. Aber Navigationslichter sind zu erkennen.«

Die JAL-Crew rätselte unterdessen, ob hier vielleicht Laser getestet würden, denn damit wäre eine Erklärung für die schnelle Bewegung der Lichter gegeben. Hin und wieder hatte es den Anschein, als würden sie miteinander »spielen«. Außerdem verhielten sie sich völlig anders als Flugzeuge. Da sie weit genug entfernt waren und somit keine Gefahr bedeuteten, behielt Terauchi seinen Kurs bei. Schließlich kam er auf den Gedanken, ob sie es vielleicht mit UFOs zu tun ha-

ben könnten? Gleichzeitig griff er nach seiner Kamera, um
ein paar Fotos zu machen, die eine spätere Identifizierung
der Flugobjekte unter Umständen erleichtern könnten. Doch
die Schärfeeinstellung des automatischen Suchers versagte.
Außerdem war der Empfindlichkeitsgrad des Filmes zu gering. Da die Frachtmaschine unerwartet leicht zu vibrieren
begann, legte der Flugkapitän die Kamera aus der Hand. Sieben oder acht Minuten waren vergangen, als die beiden unbekannten Flugobjekte unvermittelt stoppten und den JAL-
Transporter in helles Licht tauchten. In der Maschine spürten
die Männer seine Wärmeausstrahlung. Als diese nachließ,
sahen sie die rechteckigen Formen der fremden Flugkörper
etwa 500 bis 1000 Fuß (rund 150 bis 350 Meter) vor der Boeing
ihre Bahn ziehen. Die JAL-Besatzung war starr vor Staunen.
Erst nachdem sich die »Lichter« entfernt hatten, unterrichte-
ten sie Anchorage Center über den Vorfall.

Als die unbekannten Flugobjekte auf den Radarschirmen
geortet wurden, schaltete Anchorage umgehend die militärische Luftraumüberwachung ein, auch dort waren die Flugobjekte auf den Radarschirmen gesichtet worden. Gleichzeitig
wurde bestätigt, dass der Luftraum frei von Militärmaschinen sei. Anchorage forderte die militärische Luftraumüberwachung auf, trotzdem zu überprüfen, ob sich nicht doch andere Militärmaschinen in der Luft befinden könnten.

Militärische Luftraumüberwachung an Anchorage: »Wir
haben ein unbekanntes Flugobjekt geortet (...) aber den
Kontakt wieder verloren.« Plötzlich tauchte hinter dem JAL-
Frachter die gigantische, walnussförmige Silhouette eines
Raumschiffs von der Größe eines Flugzeugträgers auf.

JAL 1628 verstört an Anchorage: »Da ist... äh... ich glaube... äh... ein Flugobjekt!« Die Boeing-Besatzung suchte
verängstigt um eine Kursänderung nach. Als diese schließlich

erteilt wurde, schlug der Pilot eine Linkskurve ein, in der Hoffnung, das gigantische Raumschiff abschütteln zu können. Vergeblich. Ein Blick aus dem Cockpit-Seitenfenster genügte, um ihm »vor Augen zu führen«, dass die JAL-Maschine immer noch in Begleitung war. Terauchis Ersuchen, die Flughöhe ändern zu dürfen, wurde von Anchorage sofort genehmigt. Kurz darauf JAL 1628 an Anchorage: »Wir leiten jetzt den Sinkflug ein.« Anchorage an JAL 1628: »Sehen Sie immer noch Flugverkehr?« JAL 1628 an Anchorage: »Immer noch ... es kommt ... in Rechtsformation ... äh ... in Rechtsformation ...« »Verstanden, UJALU.«

Da die restlichen 3800 Pfund Treibstoff weiteres zielloses Umherfliegen nicht gestatteten, holte sich Terauchi in Anchorage die Erlaubnis, den dortigen Flughafen in Talkeetna im Direktflug ansteuern zu dürfen. Anchorage war mit der Landung in Talkeetna einverstanden und fügte hinzu: »Halten Sie uns über Ihren Flugverkehr auf dem Laufenden.« JAL an Anchorage: »Position unverändert!« Während des Funkverkehrs beobachtete die Besatzung des Frachtflugzeugs besorgt den noch immer mit ihrer Maschine in Formation fliegenden gewaltigen Flugkörper. Anchorage an JAL: »Bitte führen Sie eine 360-Grad-Wendung durch, Sir, und unterrichten Sie uns über die Reaktion des unbekannten Flugkörpers.«

Inzwischen bestätigte die militärische Luftraumüberwachung, dass »da oben« keine Militärmaschinen im Einsatz wären, und fragte, ob sich JAL 1628 immer noch in Begleitung des unbekannten Flugobjekts befinde? Darauf Anchorage: »Er sagt ja!« Fast gleichzeitig bestätigte eine andere militärische Radarstation das Echo des unbekannten Flugobjektes auf ihrem Schirm. Nun fragte Anchorage an, ob dieses die JAL-Frachtmaschine noch begleite? »Ja, es hat ganz den

Anschein«, funkte die militärische Luftraumüberwachung zurück.

Mittlerweile hielt das unbekannte Flugobjekt alle militärischen und zivilen Radarstationen des Gebiets in Atem. »Sollen wir einen Abfangjäger zum Eingreifen hinaufschicken«, fragte die militärische Luftraumüberwachung bei Flugkapitän Terauchi an. »Negativ... negativ«, kam es spontan zurück. Terauchi erinnerte sich nur zu gut, dass das Eingreifen eines US-Abfangjägers bei einem Vorfall ähnlicher Art in der Vergangenheit eine Tragödie ausgelöst hatte. Das riesige unbekannte Flugobjekt begleitete die japanische Transportmaschine 50 Minuten lang, um dann ebenso urplötzlich zu verschwinden, wie es aufgetaucht war.

Um 18.25 Uhr landete die Boeing 747 unbeschadet auf dem Flughafen von Anchorage. »Ich bin froh, dass nichts passiert ist«, sagte Flugkapitän Terauchi auf einer Pressekonferenz. »Meine Kollegen sind alle verheiratet, haben Kinder und sind noch jung.« Der Chef der Luftaufsichtsbehörde FAA rief einen Krisenstab zusammen. Die Fluglotsen erklärten, dass sie nicht wüssten, wie sie Situationen wie diese bewältigen sollten. Schließlich sei weder eine Gefahr im Anzug gewesen, noch habe es einen Gesetzesverstoß gegeben. Nach Terauchis felsenfester Überzeugung war er mit den Abgesandten einer außerirdischen Zivilisation in ihrem Raumschiff konfrontiert worden.

Der berühmte russische Pilot und Chef-Navigator der Soviet Polar Aviation, Valentin Akkuratov, meldete während der Ausführung einer strategischen Mission in einer TU-4-Maschine im Raum Jessup, Grönland, die Begegnung mit einem linsenförmigen, perlfarbenen Flugkörper mit »wellig pulsierender Kante«.

Er und seine Bordbesatzung vermuteten zuerst einen neuen amerikanischen Flugzeugtyp und wichen in die Wolken aus. Als sie nach einer Weile den Schutz der Wolken verließen, sahen sie den gleichen Flugkörper längsseits der eigenen Maschine wieder. Akkuratov entschied sich, das Objekt aus der Nähe in Augenschein zu nehmen, wechselte seinen Kurs abrupt und näherte sich dem fremden Objekt. Gleichzeitig informierte er den Bodenstützpunkt Aderma. Man erklärte sich einverstanden. Sobald der Kurswechsel erfolgte, führte das unbekannte Flugobjekt das gleiche Manöver aus und bewegte sich parallel zur TU-4. Nach einem Flug Seite an Seite von 15 Minuten änderte der unbekannte Flugkörper seinen Kurs, setzte sich vor das Flugzeug und stieg schnell aufwärts, bis er verschwand. Die russische Besatzung konnte weder Antennen noch Flügel oder Fenster feststellen, ebenso wenig ergab sich ein Aufschluss über die Antriebskraft des Objektes. Es entfernte sich mit einer »unmöglichen Geschwindigkeit«, wie sich Akkuratov äußerte...

Diese »unmögliche Geschwindigkeit« schien auch den berühmten Psychiater und Psychologen Prof. Dr. C. G. Jung zu faszinieren, denn als er für die A. P. R. O. in den USA als psychologischer Chefberater wirkte, soll er Folgendes gesagt haben:

»... eine rein psychologische Erklärung wird durch die Tatsache ausgeschlossen, dass eine große Zahl von Beobachtungen nachweislich nicht mit natürlichen Phänomenen erklärt werden kann... Diese Scheiben verhalten sich nicht den physikalischen Gesetzen entsprechend, sondern so, als seien sie gewichtslos. Außerdem zeigen sie Beweise intelligenter Führung durch quasi-menschliche Piloten, denn die Beschleu-

nigung ist derart, dass normale Menschen sie nicht überleben könnten... Sollte die außerirdische Herkunft der UFOs
bewiesen werden, könnte dies dieselbe Wirkung auf die
menschliche Rasse ausüben, die die überlegene Technologie
der westlichen Welt auf primitive Kulturen hatte. Genauso,
wie die Pax Britannica den Streitigkeiten der afrikanischen
Stämme ein Ende setzte, so könnte auch unsere Welt den
eisernen Vorhang aufrollen und ihn mit all den Millionen Tonnen von Feuerwaffen, Kriegsschiffen und Munition auf den
Schrotthaufen werfen.«

Ist es also möglich, dass unsere physikalischen Gesetze etwa
außer Kraft gesetzt werden? Denn während des Sommers
1961 wurden über den neuen Stellungen von Raketenbatte-
rien, die einen Teil des Moskauer Abwehrnetzes bilden,
UFOs gesichtet... Ein nervöser Batteriekommandant geriet
in Panik und gab den – unautorisierten – Befehl, eine Salve
auf die gigantische Scheibe abzugeben. Die Raketen wurden
abgefeuert; alle explodierten in einer geschätzten Entfernung von zwei Kilometern vor dem Ziel... Eine zweite Salve
folgte mit demselben Resultat. Die dritte Salve wurde nicht
mehr gefeuert, denn zu diesem Zeitpunkt traten die kleineren Scheiben in Aktion und unterbrachen das elektrische
System des gesamten Raketenstützpunktes... Als sich die
kleineren, scheibenförmigen UFOs wieder zum größeren
Schiff zurückgezogen hatten, stellte sich heraus, dass das
elektrische System wieder tadellos arbeitete. Die UFOs hatten das Stromnetz mit ihren starken elektromagnetischen
Feldern außer Betrieb gesetzt.[*]

[*] Aus der italienischen Fachzeitschrift *Olthe il Cielo –
Missili e Bazzi*.

Es wird behauptet, dass Größe und Form unbekannter fliegender Objekte beträchtlich variieren, obwohl die meisten als scheiben-, zigarren-, kegel- oder eiförmig beschrieben werden. Berichte über unbekannte Unterwasserobjekte, beim Eintauchen und Wiederaufsteigen aus dem Meer beobachtet, sind nicht weniger bemerkenswert.

Ein erstaunliches Phänomen tauchte schon während des letzten Weltkrieges auf: Zahlreiche Piloten beider Kampfseiten wurden hie und da während ihrer Einsätze von eigenartigen kleinen, scheibenförmigen Gebilden begleitet; jeder Pilot glaubte, es handle sich um Geheimwaffen des Feindes. Man sprach ihnen außergewöhnliche Geschwindigkeit und Wendigkeit zu und gab ihnen Spitznamen wie Foo-fighters, Kobolde, Teufelsscheiben.

Schließlich musste man sich allgemein davon überzeugen, dass keine bekannte militärische Macht über die technologischen Mittel verfügte, um solche Flugkörper herzustellen.

Jedenfalls äußerte sich der verstorbene Air Chief Marshal Lord Dowding, der die RAF während der »Battle of Britain« kommandierte, wie folgt: »Die Existenz dieser Maschinen ist bewiesen, und ich habe sie seit langem akzeptiert. Ich glaube, dass es Lebewesen auf anderen Planeten gibt, die durch fliegende Untertassen operieren, um unserer Welt in unserer gegenwärtigen Krise zu helfen.«

Die erste offizielle Anerkennung unbekannter Flugobjekte erfolgte in den USA bereits im Jahre 1947 in einem Brief des »Chief of Air Technical Intelligence Center« an den Kommandierenden Luftwaffengeneral, in dem er feststellte, dass man zur Schlussfolgerung gelangt sei: UFOs sind Wirklichkeit! Und nur ein Jahr später sandte dasselbe Organ einen Bericht an den »Air Force Chief of Staff«, Gene-

ral Vandenberg, dessen Fazit ergab: UFOs sind interplanetarischer Herkunft!

Viele private UFO-Forschungszentren in aller Welt bemühen sich seit Jahren um Aufklärung des UFO-Problems; aber
die Regierungsorgane haben immer wieder eine direkte Stel-
lungnahme vermieden. Nach ständiger Kritik der Öffentlichkeit und Presse über Geheimniskrämerei und Unterdrückung
von Informationen über gesichtete UFOs sah sich die amerikanische Luftwaffe schließlich unter dem Druck der öffent-
lichen Meinung gezwungen, mit einer Antwort aufzuwarten.
Und so beauftragte sie im Jahre 1966 die University of Colorado, ein UFO-Forschungsprojekt (unter dem Namen Condon-Report bekannt geworden) ins Leben zu rufen. Die Leitung lag in den Händen von Dr. E. U. Condon, Professor der
Physik, dem dafür von der US-Luftwaffe über eine halbe Million Dollar zur Verfügung gestellt wurde! Bei den beauftrag-
ten Wissenschaftlern handelte es sich um Fachleute ver-
schiedenster Fakultäten. Trotzdem stieß dieses Projekt von
Anfang an auf harte Kritik, da behauptet wurde, es sei von
vornherein auf eine bestimmte Richtung geeicht und mit
Vorurteilen angegangen worden.

Tatsächlich traten sehr bald interne Schwierigkeiten auf,
in deren Verlauf zwei der Experten, die Doktoren Saunders
und Levine, entlassen wurden, weil sie, nach Professor Condon, nicht kompetent gewesen sein sollen. Die Opposition
behauptet dagegen, die positiven Erkenntnisse der zwei
Wissenschaftler über die tatsächliche Existenz von UFOs
habe zu ihrer Entlassung geführt!

Der vom Condon-Report untersuchte »McMinnville-Fall«
ist in diesem Zusammenhang interessant: Dem Farmer Paul
Trent gelangen in McMinnville, Oregon, Schnappschüsse
eines untertassenförmigen fliegenden Objekts mit Spindel-

ähnlichem Aufbau. Trent schätzte es auf etwa 10 m Durchmesser. Nach sorgfältiger Analyse seiner beiden Aufnahmen wurde jeder Schwindel ausgeschlossen. Daraufhin kamen Experten zur Überzeugung, dass Trent tatsächlich ein unbekanntes fliegendes Objekt fotografiert hatte.

Und hier das offizielle Condon-Report-Resultat: »Es handelt sich um einen der UFO-Reporte, in denen alle Faktoren geometrisch, psychologisch und physisch die Behauptung unterstützen, dass ein außergewöhnliches fliegendes Objekt – silbrig, metallisch, scheibenförmig, über 10 m im Durchmesser und offensichtlich *nicht* natürlicher Herkunft – in Sichtweite zweier Zeugen flog.«

Trotzdem schließt der Condon-Report summa summarum: »Es gibt keine Beweise, die einen Glauben rechtfertigen könnten, dass außerirdische Besucher in die Erdatmosphäre eingedrungen sind und nicht genügend Beweise, um weitere wissenschaftliche Forschungsarbeiten in dieser Beziehung zu rechtfertigen.«

Eine Gruppe aus elf Ingenieuren und Wissenschaftlern kam zu dem Ergebnis, dass das UFO-Problem durch die 1969 abgeschlossene Untersuchung der University of Colorado *nicht* gelöst wurde und dass es weit größerer Anstrengung bedürfe, um mehr Einzelheiten über UFO-Charakteristiken zu erlangen.

Das Studienkomitee war 1967 vom amerikanischen Institut für Aeronautik und Astronautik (die damals größte wissenschaftliche Organisation der Welt für Weltraumforschung) ins Leben gerufen worden.

Das Komitee veröffentlichte sein Gutachten über das UFO-Problem 1970 in der Novemberausgabe der *Astronautics and Aeronautics*, einer AIAA-Publikation. Dr. Joachim Kuettner von der National Oceanic and Atmospheric Administration in

Boulder, Colorado, zeichnete als damaliger Vorsitzender dieses Komitees. Die Untersuchung des Abschlussberichtes der University of Colorado (Condon-Report) bot dem Untersuchungsausschuss nicht das geringste Fundament für Dr. Condons Behauptung, aus weiteren Untersuchungen könne keinerlei wissenschaftlicher Nutzen gezogen werden.«

Die Studiengruppe kam bei sorgfältigster Untersuchung des Condon-Projektes dahinter, dass 30 Prozent der 117 in Einzelheiten untersuchten UFO-Fälle *nicht* identifiziert werden konnten.

Man hätte also genau die entgegengesetzte Schlussfolgerung aus diesem Report ziehen müssen, nämlich: Ein Phänomen mit einer so hohen Quote unerklärter Fälle müsste aus der Natur der Sache heraus genügend wissenschaftliche Neugier erweckt haben, um die Untersuchungen fortzuführen...

Weiterhin sah das Komitee in Dr. Condons Aussage: »Man darf mit Sicherheit annehmen, dass die Erde in den nächsten zehntausend Jahren *nicht* von intelligentem Leben außerhalb des Solarsystems besucht wird«, kein stichhaltiges Argument. »Für uns ist es schwierig, den gut dokumentierten, aber nicht erklärbaren Rest von Fällen zu ignorieren, die den harten Kern der UFO-Kontroverse bilden«, stellte das Komitee fest... Und »... die einzige erfolgversprechende Inangriffnahme liegt in einem dauerhaften, nachdrücklichen Bemühen um verbesserte Datenkollektion auf objektive Art und durch hoch qualifizierte wissenschaftliche Untersuchungen. Eine solche Auseinandersetzung mit dem Problem bedarf jedoch nicht nur der Aufmerksamkeit des Wissenschaftlers und Ingenieurs, sondern auch der Bereitschaft der Regierungsorgane, auf vernünftige Vorschläge in diesem Forschungsgebiet einzugehen, ohne Furcht vor Lächerlichkeit und Verleumdungen.«

Der Astrophysiker Prof. J. Allen Hynek, über zwanzig Jahre Berater des Projekts »Blue Book«, beschrieb am 28. August 1970 während eines Vortrags in London die ausgeklügelten Blue-Book-Untersuchungsmethoden zur Identifizierung von UFOs: Ein nicht zu identifizierendes Objekt wurde als unidentifiziert identifiziert und somit unter »identifiziert« abgelegt!

Die Methoden haben sich seit damals kaum geändert. Wird ein unbekanntes Objekt gemeldet, wird es offiziell sehr oft mit der Annahme weg erklärt, es könnte dieses oder jenes gewesen sein. Anstatt nach konkreten Beweisen zu suchen, wählt man die einfachste konventionelle Auslegung: es könnte Venus gewesen sein, also war es Venus; es könnte ein Ballon gewesen sein, also war es ein Ballon; es könnte ein Satellit gewesen sein, also war es ein Satellit; es könnte ein Meteorit gewesen sein, also war es ein Meteorit etc. ... Aber eine Möglichkeit ist noch lange keine Tatsache.

Illusion? Täuschung? Hysterie? Menschlicher Wunschtraum? Scharlatanerie? Natürliches Phänomen? Oder gar Werbejargon gerissener Geschäftemacher? Vielleicht sogar ein Auszug aus einem Science-Fiction-Roman? Für Captain Mantell bedeutete es jedenfalls bittere Wirklichkeit, für die er sein Leben hingab. Oder war der erfahrene Pilot tatsächlich »der Venus nachgejagt«, wie ein offizieller Sprecher anfänglich glauben machen wollte?

Wie dem auch sei. – Dr. Hermann Oberth, der Vater der modernen Raketenwissenschaft, sagte schon vor Jahren: »Ich glaube, außerirdische Intelligenz beobachtet die Erde und besucht uns seit Jahrtausenden in ihren fliegenden Untertassen ...«

Am 11. Oktober 1998 gab der ehemalige Apollo-Astronaut Edgar Mitchell der *Sunday Time* ein Interview, das für weltweite Schlagzeilen sorgte. Unter anderem sagte er:

»Wie ich schon wiederholt erwähnt habe, verfüge ich über keine direkten Erfahrungen mit dieser Art von (UFO)-Phäno-menen. Meiner Meinung nach gibt es jedoch überzeugende Beweise, die vermuten lassen, dass die streng geheimen Versuche der Nachahmung von Alien-Technologien nicht mehr von der Regierung kontrolliert werden, sondern sozusagen »privat gesteuert« werden. In anderen Worten: Dass gewisse Gruppen einen schwarzen Etat für derartige Projekte einsetzen, ohne von der Regierung überwacht zu werden. Es handelt sich dabei um Außenseitergruppen, die außer Kontrolle geraten sind (...) Ich habe Kontakt zu Gruppen, die an Verschleierungen beteiligte Personen – etwa in Roswell und auch anderswo – interviewt haben. Diese Leute würden sich inzwischen gern äußern, befürchten jedoch, ihre Schweigepflicht zu verletzen (...) Es ist vertretbar, dass die Vertuschung derartiger Operationen am Anfang noch gerechtfertigt war. Diese streng geheimen Systeme mit begrenztem Zugang führen jedoch zu einer absoluten Korruption, zu einer uneingeschränkten Macht. Seit der Eisenhower-Administration haben nicht einmal die höchsten Führungskräfte gewusst, was sich bei diesen schwarzen Programmen abspielt – insbesondere bei diesen ganz speziellen schwarzen Programmen. In heute zugänglichen Akten existieren keine diesbezüglichen Berichte mehr. Deshalb ist selbst unter Hinweise auf den Freedom of Information Act keine Information mehr zu erhalten. Und die Regierung kann nicht preisgeben, was sie nicht weiß. Deswegen werden auch abwegige Geschichten erfunden, wie Ballons oder Dummies im Roswell-Zwischenfall. Auch wenn die UFOs nicht außerirdischer Herkunft sein sollten, sind die am Himmel zu beobachtenden Technologien noch weitaus komplizierter als die uns auf der Erde bekannten (...) Die UFOs, die wir sehen, sind das genaue Gegenteil von dem, was die US-Regierung und die Geheimnisse uns glauben machen wollen. Denn sie sind äußerst real.«

Bis heute ist die Streitfrage, ob es sich bei unbekannten Flugobjekten um außerirdische Besucher, irdische Geheimprojekte oder natürliche Phänomene handelt, nicht geklärt. Nach den vorliegenden Indizien scheinen allerdings alle drei Theorien zuzutreffen. Das offizielle Interesse an UFO-Organisationen ist nicht neu, und es wird sowohl von der CIA als auch von der U.S. Air Force behauptet, alle amerikanischen Organisationen seien mit »fabrizierten« UFO-Berichten durchsetzt und sogar einige bekannte Schriftsteller gefördert und unterstützt worden, um UFO-Desinformation zu veröffentlichen (ich nicht! Anm. des Autors). Die Geheimdienste und das Pentagon sind bestrebt, der Öffentlichkeit weiszumachen, dass im irdischen Luftraum keine geheimen Flugkörper des schwarzen »Aurora«-Programms operieren, dafür aber als Deckmantel vorgeschobene Außerirdische nur zu willkommen sind.

Wie dem auch sei, die Verwicklung von Geheimdiensten mit UFO-Kreisen trägt zur wachsenden Überzeugung bei, dass der Öffentlichkeit der wahre Hintergrund vorenthalten werden soll.

1997 veröffentlichte Gerald Haines vom National Reconnaissance Office der CIA eine Studie über die Obstruktionsstrategie der CIA (im Internet abrufbar). Danach begründete der US-Geheimdienst seine Verschleierungstaktik zum einen mit angeblichen Geheimdienstberichten, denen zufolge »deutsche Ingenieure für die Sowjets eine fliegende Untertasse entwickelt haben sollen«. Zudem verunsicherten CIA-Mitarbeiter die Szene mit der Warnung, »die Sowjets könn-

ten unter dem Deckmantel gezielter UFO-Sichtmeldungen
einen Atomangriff auf die USA planen«.

»Noch in den achtziger Jahren glaubten UFOmanen in
der CIA, der sowjetische Geheimdienst KGB könne UFOgläu-
bigen Amerikanern Informationen über geheime US-Waffen-
entwicklungen, wie etwa den Tarnkappenbomber B-2, ent-
locken«, so der Spiegel in seiner Ausgabe 33/1979.

Allerdings gelang es Haines nicht, die UFO-Legenden der
CIA vollständig offen zu legen. Es war zwar eine amtlich
angeordnete Durchsuchung der UFO-Archive in der CIA-Zen-
trale verfügt worden, bei der 355 relevante Dokumente be-
schlagnahmt wurden, aber die Geheimdienstagenten ver-
weigerten die Herausgabe von 57 Dokumenten mit der
Begründung, dass eine Veröffentlichung die nationale Sicherheit gefährde. Dem Einspruch wurde stattgegeben.

»Die meisten Forscher stimmen überein, dass die führen-
den Regierungen Informationen über UFOs zurückhalten,
und ich werde das mit Sicherheit nicht bestreiten«, äußerte
der Wissenschaftsjournalist Bill Rose zu diesem Thema. »Was
aber verheimlichen die Autoritäten tatsächlich? Benutzen sie
UFOs etwa als Langzeit-Deckmantel, um Schwarzetat-Luft-
fahrtprogramme zu tarnen?

Sind das Projekt »Blue Book« und seine Vorläufer ein ab-
gekartetes Spiel – dazu bestimmt, die U.S. Air Force vor der
Öffentlichkeit aus Vorgängen herauszuhalten, die sich im
tiefschwarzen Militär-Forschungsgebäude abspielen?«

Vor etwa drei Jahren enthüllte die CIA, dass es sich bei
den meisten der ungeklärten UFO-Vorfälle tatsächlich um geheime Spionageflüge der Großmächte gehandelt habe. Das
hat zwar etwas für sich, erklärt aber nicht die stattliche Anzahl von UFO-Berichten seit 1947, also neun Jahre vor Erscheinen der ersten, in großer Höhe operierenden U-2-Spio-

nageflugzeuge. In die meisten der in niederer Höhe operierenden, »guten« Vorkriegs-UFO-Sichtungen waren Scheiben, fliegende Zigarren oder rochenförmige Maschinen verwickelt. Daraus lässt sich schließen, dass eine völlig neuartige Generation geheimer Luftfahrzeuge auftauchte, die kaum etwas mit der U-2 oder dem späteren Mach-3-Blackbird gemeinsam hatte.

Generell können die mit UFOs im Zusammenhang stehenden, unerklärlichen Auswirkungen in vier Klassen aufgeteilt werden:

1. Unterbrechung und Störung der Funkanlagen und Navigationsinstrumente von Flugzeugen, also Störung elektrischer beziehungsweise elektromagnetisch betriebener Geräte; Störung von Verbrennungsmotoren; Stromausfall; Ausfall von Kompassanlagen bei Schiffen und Flugzeugen.

2. Physiologische – beispielsweise Hautverbrennungen – und psychische Auswirkungen auf Menschen in der Nähe eines UFOs, also geistige Verwirrung oder Amnesie.

3. Flugzeugabstürze oder Explosionen aufgrund einer UFO-Begegnung. Das Verschwinden von Militär- und Zivilmaschinen bei der Verfolgungsjagd auf unbekannte Flugobjekte.

4. Entführungsberichte von Personen, die behaupten, an Bord eines außerirdischen Raumschiffs gebracht, dort untersucht und wieder entlassen worden zu sein.

Spekulationen über das Aussehen von Außerirdischen haben zu den abenteuerlichsten Vorstellungen geführt. Die menschliche Phantasie hat quallenartige Kreaturen ebenso einbezogen wie bösartige Rieseninsekten oder engelgleiche, geschlechtslose Geschöpfe.

Analysen zahlreicher Augenzeugenberichte bei nahen Begegnungen der dritten Art ergaben, dass es sich bei den außerirdischen Besuchern weit weniger um exotische Geschöpfe handelt. Drei Grundtypen herrschen vor, die sich nur durch die Körpergröße voneinander unterscheiden, aber alle gemeinsame Merkmale haben: zwei Arme, zwei Beine und einen aufrechten Gang.

Von den drei Grundtypen scheint, den Berichten nach, einer zu dominieren.

In einem Steckbrief müssten seine charakteristischen Merkmale folgendermaßen beschrieben werden:

Art: Humanoides Lebewesen

Größe: Zwischen 1,10 und 1,40 Meter

Gewicht: Etwa 25 Kilogramm

Kopf: Im Vergleich zum Rumpf und den Gliedmaßen außergewöhnlich groß. Haarlos oder mit leichtem Flaum bedeckt.

Gesicht: Herzförmig mit mongolischen Zügen

Ohren: Kleine Öffnungen im Kopf ohne Ohrmuscheln und Ohrläppchen

Augen: Groß, weit auseinander stehend, schräg gesetzt und tiefliegend

Nase: Kaum ausgeprägt. Hauptsächlich 2 Nasenlöcher unter einer leichten Erhöhung

Mund: Lippenlos. Ein schmaler Schlitz oder Spalt im Gesicht

Hals: Wirkt dünn. Infolge der hoch geschlossenen Kleidung meist nicht erkennbar

Rumpf: Wirkt kindlich schmal und unausgeprägt. Steckt unter metallisch schimmernder, flexibler Kombination (overallähnlich)

Arme: Dünn, lang, reichen bis zu den Knien

Finger: Beschreibungen zufolge meistens vier, von denen zwei länger als die anderen beiden sind

Fingernägel: Nur andeutungsweise vorhanden. Dünne Häute zwischen den Fingern (ähnlich einer Schwimmhaut)

Beine: Dünn und kurz

Füße: Unter der Bekleidung nicht erkennbar

Hautfarbe: Wird als beige, hellgrau beziehungsweise lehmfarben beschrieben

Haut: Schuppig

Zähne: Mund wirkt zahnlos

Geschlechtsmerkmale: Nicht erkennbar

Kontaktpersonen schildern den zweiten Grundtyp extra-terrestrischer Besucher als einen über zwei Meter großen »Riesen«, der stets in einem Schutzanzug steckt und einen Vollvisierhelm trägt, ohne jemals sein Gesicht preiszugeben. In den »Händen« bewegt er allem Anschein nach ferngesteuerte Greifwerkzeuge. Diese »Riesen« bewegen sich schwerfällig und plump und wurden nur bei schweren oder gefährlichen Arbeiten beobachtet. Sind es Roboter?

Der dritte Grundtyp ist allem Anschein nach um 1,80 Meter groß, hat menschliche Gesichtszüge und ist gewöhnlich bartlos. Er spricht häufig in einer unbekannten Sprache, bedient sich aber auch hin und wieder der Sprache des Landes, in dem er sich befindet. Den Berichten zufolge trägt dieser Außerirdische eng anliegende Kombinationen und auf dem Kopf gelegentlich einen Helm mit Vollvisier. Die Angehörigen dieses Typs unterscheiden sich grundsätzlich nicht von Erdenbürgern.

Das Aussehen der bisher gesichteten UFOs wird in den meisten Fällen als scheibenförmig, kugelförmig, elliptisch, oval oder zigarrenförmig beschrieben. Die unterschiedlichen Formen sind möglicherweise auf den Blickwinkel des Beobachters zurückzuführen. Ein scheibenförmiges Objekt kann zigarrenförmig wirken, wenn es von der Seite gesehen wird, von unten dagegen kugelförmig. Reflexion des Sonnenlichtes oder die oft sehr helle Eigenstrahlung dieser Objekte sind Ursachen für weitere optische Täuschungen. Besonders bei Nachtbeobachtungen lassen sich Konturen nur schwer erkennen.

Im Allgemeinen liegt die Durchschnittsgröße der diskusförmigen Objekte bei 10 bis 13 Metern Durchmesser. Es gibt offensichtlich neben ihnen auch einige so genannte Telemeterscheiben von 20 bis 100 Zentimetern Durchmesser, die sehr flach sind und rotieren. In allen Beschreibungen von UFOs, vor allem jenen, die während des Tageslichtes beobachtet wurden, wird auf eine metallische Oberfläche verwiesen, bei den größeren Objekten zusätzlich auf einen kuppelartigen Aufbau, Fensterluken und rotierende, verschiedenfarbige Lichter. Auffallend ist das Fehlen konventioneller Flügel oder Räder.

Die Flugeigenschaften dieser Objekte sind bestechend. Sie können auf der Stelle schweben, blitzschnell steile Winkel fliegen und auf- und absteigen wie ein vom Wind getriebenes Blatt; sie können aus dem Stand ungeheure Geschwindigkeiten entwickeln und aus voller Fahrt abrupt zum Stillstand kommen.

Radargemessene Geschwindigkeiten reichen bis zu 70 000 Stundenkilometer, 60 bis 75 Prozent aller UFOs bewegen sich lautlos. Wie ein Transformator oder Generator summen 15 Prozent. Weitere 10 bis 15 Prozent geben Pfeiftöne ab, und der Rest ist von den verschiedenartigsten Geräuschen begleitet.

Die meisten UFOs sind von einer strahlenden Lichthülle umgeben und zeigen auffallende Farbveränderungen im Zusammenhang mit ihrer Fluggeschwindigkeit.

Bei langsamer Fortbewegung oder schwebend ist der silbergraue Flugkörper von einem dunklen Rot umgeben. Bei mittlerer Geschwindigkeit leuchtet das UFO orangefarben und bei hoher Beschleunigung weißgrün bis blauweiß. Die charakteristischen Farbveränderungen haben natürlich Anlass zu Spekulationen gegeben. Sie können höchstwahrscheinlich auf die Antriebsenergie zurückzuführen sein, die um das UFO herum Ionisationsspannungen bei den in der Atmosphäre befindlichen Gasen verursacht.

Der geniale Erfinder Nicola Tesla (1856–1943) sah bereits 1895 voraus, dass elektrische beziehungsweise elektromagnetische Energie als enormes Potential für zukünftige Weltraumprojekte der Menschheit entscheidend sein wird, und schrieb:

»Es ist mir gelungen, elektrische Entladungen zu produzieren, die über 35 Meter lang waren, aber es dürfte nicht schwer fallen, die hundertfache Länge zu erreichen.

Ich habe elektrische Energie von annähernd 100 000 PS erzeugt, aber auch Quoten von einer, fünf oder zehn Millionen PS sind leicht erreichbar.

Als Ergebnis meiner Messungen und Kalkulationen hat sich gezeigt, dass elektrische Energie einer solchen Größenordnung produziert werden kann, dass deren Auswirkungen sich bis zu den uns am nächsten gelegenen Planeten – Mars und Venus – erstrecken.

Es besteht nicht der geringste Zweifel, dass wir durch diese neue Methode auf einem dieser Planeten einen spür-

baren Effekt hinterlassen können, einen Effekt, der durch
Störung der elektrischen Beschaffenheit der Erde ausgelöst
wird. Wir wirbeln mit unglaublicher Geschwindigkeit durch
die endlosen Weiten des Weltraums; alles um uns herum
dreht sich, alles ist in Bewegung; überall ist Energie. Irgendwie muss es eine Möglichkeit geben, direkten Zugang zu dieser Energie zu erlangen. Denn mit dem aus diesem Medium
stammenden Licht, mit der daraus herrührenden Energie,
mit jeder Art Energie, die dieser unerschöpflichen Quelle
mühelos entnommen werden kann, wird sich die Menschheit
mit »Siebenmeilenstiefeln« fortentwickeln. Allein schon der
Gedanke an solch immense Möglichkeiten erweitert den Verstand, stärkt unsere Hoffnungen und erfüllt uns mit Freude.«

Der 1856 im kroatischen Smiljan geborene Tesla wurde Elekt-
roingenieur sowie Physiker und gilt als einzigartiger Erfinder, dessen wissenschaftliche Entdeckungen und Erfindungen zum Fundament der modernen Elektrotechnik wurden.
Der elegante, brillante und eigenwillige Mann wanderte 1884
nach Amerika aus. Dort kam es bald zu einer engen Zusammenarbeit mit Thomas Alva Edison, die allerdings zum erbit-
terten »Stromkrieg« zwischen den beiden führte. Sie gerieten sich über die Fernstromversorgung in die Haare, denn
Edison verteidigte den von ihm bevorzugten Gleichstrom,
während sich Tesla mit allen Mitteln für den Wechselstrom
einsetzte. Darüber kam es zum Bruch zwischen ihnen. Wie
wir alle wissen, hat Tesla am Ende Recht behalten.
    Als Begründer der heutigen Wechselstromtechnik erfand
er eine Vielzahl von Aggregaten, Transformatoren und Moto-
ren und ist zudem der eigentliche, wenn auch immer wieder
verkannte Erfinder der drahtlosen Nachrichtenübermittlung,
des Radios und Radars. Wissenschaftlern und Technikern ist

bis heute verborgen geblieben, was Tesla mit den in seinen Laboratorien in Colorado Springs aufgebauten elektrischen Riesenspulen bezweckte, mit denen er zehn bis zwölf Millionen Volt Spannung erzeugte, um künstliche Blitze von etwa 40 Meter Länge zur Entladung zu bringen. Diese technische Pionierleistung fand bis heute nicht ihresgleichen, und das Rätsel um diese Versuche konnte bisher nicht gelöst werden. Einige von Teslas Zeitgenossen berichteten, er hätte mit seiner Anlage Kugelblitze erzeugt. Es besteht allerdings auch die Vermutung, Tesla habe in seinen Versuchen eine Wechselwirkung zwischen elektromagnetischen und Gravitationsfeldern erkannt und damit experimentiert.

Tesla starb im hohen Alter von 83 Jahren.

Dr. Thomas Townsend Brown, ein Zeitgenosse Teslas, beschäftigte sich Anfang der zwanziger Jahre mit den ersten Gravitationsversuchen, als er Assistent des Physikers Professor P. A. Biefeld an der amerikanischen Denison University in Granville, Ohio, war. Biefeld und Brown hatten nachgewiesen, dass ein an einem Faden frei hängender Kondensator eine Eigenbewegung ausführt, sobald er hoher elektrischer Spannung ausgesetzt wird. Dieses Phänomen wurde als Biefeld-Brown-Effekt zu einem Begriff in der Physik.

Nach 28-jähriger Forschungsarbeit kam Brown zu dem Schluss, dass jedes elektromagnetische Phänomen ein elektrogravitatives Analogon aufweist.

Durch eines seiner Experimente erbrachte Brown den Nachweis, dass ein frei hängender, mit seinen Pol-Enden waagerecht ausgerichteter Kondensator sich unter hoher Spannung stets in Richtung seines positiven Pols bewegt. In weiteren Versuchen setzte Brown die senkrecht ausgerichteten Pol-Enden des Kondensators unter hohe Spannung. Wenn sich das positive Pol-Ende unten befand, bewegte sich der Kondensator nach unten. Im umgekehrten Fall bewegte er sich jedoch gegen die Schwerkraft aufwärts. Die Umkehrung der Polarität verursacht also auch eine Umkehrung der Richtung der Schubkraft.

Bereits 1926 entwickelte Brown aufgrund weiterer Experimente seinen eigenen Worten zufolge das Modell eines »Raumfahrzeugs«: ein auf den Prinzipien der Elektrogravitation basierendes Fluggerät ohne bewegliche Teile, dessen Antrieb und Steuerung lediglich durch Richtungsänderung und Verstärkung der positiven Spannung funktionierte.

Nach Versuchen mit Körpern der unterschiedlichsten Formgebung entschloss sich Brown schließlich, seinem »Raumfahrzeug« die Form einer Scheibe zu geben.

Die wissenschaftliche Welt wurde allerdings erst dreißig Jahre später auf den Physiker aufmerksam, und zwar im Frühjahr 1956, als in der namhaften Fachzeitschrift *Interavia* seine Arbeit veröffentlicht wurde: »Dem schwerelosen Flug entgegen – über die jüngste Entwicklung auf diesem Gebiet«. Browns Flugmodell bestand aus zwei an einem Drahtgestell befestigten Scheiben von 60 Zentimeter Durchmesser, die mit einer Abwandlung des Zwei-Platten-Kondensators ausgerüstet waren. Auf einer waagerechten, kreisförmigen Bahn von sechs Meter Durchmesser erreichten die beiden Flugkörper bei einer Elektrodenspannung von 50 kV und einer konstanten Energiezufuhr von 50 Watt immerhin eine Geschwindigkeit von 19 Stundenkilometern.

Nach dem Bericht von *Interavia* sollen die Versuche im Vakuum ungleich eindrucksvoller verlaufen sein.

»Später wurden Scheiben von 90 Zentimetern Durchmesser auf einer Kreisbahn von 17 Metern benützt, deren Elektroden mit 150 000 Volt aufgeladen waren«, gab die Fachzeitschrift bekannt.

»Die dabei erzielten Ergebnisse waren so überzeugend, dass sie sofort unter Geheimhaltung gestellt wurden.«

Brown erklärte die Wirkungsweise seiner fliegenden Scheiben mit einer lokalen Veränderung des Gravitationsfeldes. Die Scheiben verhielten sich wie ein Surfboard, das am Hang einer Welle entlang reitet. Richtung und Geschwindigkeit ließen sich jedoch jederzeit ändern, da zwischen elektromagnetischen und Gravitationsfeldern eine Wechselwirkung bestünde. Die Insassen eines solchen Flugkörpers wären demzufolge auch bei extremer Beschleunigung und abruptem Richtungswechsel nicht der geringsten Belastung ausgesetzt, weil sich die Scheibe als Ganzes im »Gleichklang« mit dem örtlich veränderten Schwerefeld fortbewegt.

In seinem 1972 herausgegebenen Werk *The Principals of Ultra Relativity* beschreibt der japanische Physiker Professor Shinichi Seike eine Möglichkeit, Schwerkraft in elektromagnetische Energie umzuwandeln. Seine Arbeit beruht auf der Basis der bereits seit 1934 bekannten Kramer-Gleichung, in der die von äußeren elektrostatischen und magnetischen Feldern abhängige Gyrationsbewegung (Kreiselbewegung) der Atome behandelt wird. Seike stützt sich in seinem Modell auf die Veränderung des räumlichen Elektronenspins im Spektrum der magnetischen Kernresonanz. Das heißt, die zu untersuchende Materie wird einem Hochfrequenzwechselfeld ausgesetzt. Dabei kommt es bei bestimmten, für die jeweiligen Moleküle typischen Frequenzen zu Absorptionseffekten. In anderen Worten: Dem äußeren Feld, in diesem Fall dem Gravitationsfeld, wird Energie entzogen.

Für den Start seines Antigravitationsantriebs bediente sich Seike einer externen Energiequelle. Das Leistungsvermögen seines Antriebs berechnete er mit einer Gesamtleistung von 30 x 10^9 kW. Das ist wesentlich mehr, als die Saturnraketen bringen können.

Hohe Beschleunigung und plötzliche Richtungswechsel seien auch für die Besatzung seines »Raumschiffes« kein Problem, meint Seike, denn Reaktionskräfte würden entfallen, da in einem kontrollierten künstlichen Gravitationsfeld jedes Atom gleicherweise beschleunigt wird.

Während des 2. Weltkriegs wurden die aeronautischen und flugtechnischen Möglichkeiten scheibenförmiger Flugkörper auch von deutschen Wissenschaftlern erkannt, die erste Konstruktionen erprobten.

Einige Mitarbeiter, die 1941 an den ersten Projekten beteiligt waren, bestätigten, dass diese Flugobjekte »Fliegende Scheiben« genannt wurden. Die ersten Konstruktionspläne stammen von den deutschen Konstrukteuren Schriever, Habermohl, Miethe und dem Italiener Bellonzo. Das von Schriever und Habermohl gefertigte Modell bestand aus einem breitflächigen, sich um eine feststehende, kuppelförmige Pilotenkanzel drehenden Ring mit verstellbaren Flügelscheiben, die je nach den Erfordernissen von Start und Horizontalflug ausgerichtet werden konnten.

Der in Breslau arbeitende Miethe entwickelte einen diskusförmigen Flugapparat von 42 Metern Durchmesser, der von verstellbaren Düsen angetrieben wurde.

Habermohl und Schriever, die in Prag arbeiteten, starteten ihre erste, ebenfalls mit Düsen angetriebene »Fliegende Scheibe« am 14. Februar 1945. Die Beteiligten behaupteten später, in drei Minuten auf 12 400 Meter Höhe gekommen zu sein und im Horizontalflug 2000 Stundenkilometer erreicht zu haben.

Bis zur endgültigen Produktion waren noch umfangreiche Forschungsarbeiten und Versuche erforderlich, da wegen der hohen Geschwindigkeit und außerordentlichen thermischen Belastung besonders widerstandsfähiges Material gebraucht wurde, um der Hitzeentwicklung standzuhalten.

Zweifellos müssen UFOs mit revolutionären Antriebsmethoden und Herstellungsmaterialien ausgestattet sein.

Unsere derzeitige Technologie hat das Stadium immer noch nicht erreicht, geräuschlose, mit fantastischer Geschwindigkeit manövrierende Flugapparate, mit all den Charakteristiken, über die berichtet wird, herzustellen. Die These, es könnten außerirdische Flugkörper sein, ist deshalb naheliegend. Vorgebrachte Gegenargumente sind selten stichhaltig. Z. B. »Wir sind nicht in der Lage, ein anderes Sonnensystem zu besuchen, folglich können ›sie‹ das ebenso wenig!« Diese Skeptiker setzen voraus, dass die Grenzen menschlicher Erkenntnisse universell sind. – Aber wie könnten wir schon über eine mögliche außerirdische Intelligenz und deren Fähigkeiten urteilen?

Ein weiterer Einwand gegen die Hypothese außerirdischer Flugmaschinen ist: Warum landen sie dann nicht offiziell? – Drehen wir die Frage einmal um: Warum sollten »sie« denn landen? Was können wir ihnen schon bieten außer einem von vielerlei Problemen zerrissenen und gespaltenen Planeten! Schon allein der gesunde Menschenverstand müsste uns sagen, wie riskant eine solche Kontaktaufnahme wäre. – Machtkämpfe zwischen unseren Großmächten um neue Erkenntnisse würden zu chaotischen Zuständen führen.

Mit Vernunft betrachtet, sollte man annehmen, dass das in aller Welt angesammelte Material über UFOs zeigt, dass »etwas dran sein« müsste. Doch bei der weit verbreiteten Voreingenommenheit – positiv oder negativ – wird ein UFO (was immer es sein könnte) erst dann akzeptiert werden, wenn es »zum Anfassen« auf dem »Labortisch« der Skeptiker liegt.

Falls es sich aber eines Tages herausstellen sollte, dass UFOs tatsächlich Raumschiffe außerirdischer Intelligenzen sind, müssten ihre Erkenntnisse unsere eigenen weit in den Schatten stellen. Aber damit wäre dann gleichzeitig erwiesen, dass auch dem Menschen das Universum offen steht, und dass es dem Menschen möglich ist, mit Lichtgeschwindigkeit oder »schneller als das Licht« zu fliegen.

Literaturverzeichnis und Quellennachweis

Herangezogene Literatur sowie weitere zu diesem Thema

AIAA Commitee looks at the Ufo Problem. In: Astronautics and Aeronautics, Dezember 1968.

Anders, G.: Die Antiquiertheit des Menschen. München 1980.

Andreas, P.: Jenseits von Einstein. Die Suche nach der Schicksalsformel. Düsseldorf, Wien 1978.

Beloff, J.: New Directions in Parapsychology. London 1974.

Berry, A.: Die eiserne Sonne. Überwindung der Lichtgeschwindigkeit mit Hilfe der Schwarzen Löcher. Wien, Düsseldorf 1981.

Biermann, L.: Pulsare: Neutronensterne. Umschau Nr. 8, 1970.

Boschke, F. L.: Die Herkunft des Lebens. Düsseldorf 1970.

Buttlar, J. v.: Adams Planet. München 1991.

Buttlar, J. v.: Das Ufo-Phänomen. München 1978.

Buttlar, J. v.: Die Außerirdischen von Roswell. Bergisch Gladbach 1996.

Buttlar, J. v.: Die Einstein-Rosen-Brücke. München 1982.

Buttlar, J. v.: Die Wächter von Eden. München 1993.

Buttlar, J. v.: Drachenwege. München 1990.

Buttlar, J. v.: Leben auf dem Mars. München 1987.

Buttlar, J. v.: Reisen in die Ewigkeit. Düsseldorf–Wien 1973.

Buttlar, J. v.: Schneller als das Licht. Düsseldorf 1972.

Buttlar, J. v.: Sie kommen von fremden Sternen. München 1986.

Buttlar, J. v.: Supernova. München 1988.

Buttlar, J. v.: Terraforming. München 1995.

Buttlar, J. v.: Unsichtbare Kräfte. München 1984.

Buttlar, J. v.: Zeitreisen. Bergisch Gladbach 1998.

Buttlar, J. v.: Zeitriß. München 1989.

Buttlar, J. v.: Zeitsprung. München 1977.

Childress, D., H.: Das Buch der Antigravitation. Beiträge von Einstein, Albert; Tesla, Nicola; Brown, Thomas Townsend. Edition Pandora 1997.

Ceram, C. W.: Götter, Gräber und Gelehrte. Reinbek 1949.

Clark, J.: The UFO Encyclopedia. Bd. 2. Detroit 1992.

Condon, E. U.: Scientific Study of Unidentified Flying Objects. Bantam 1967.

Condon, E. U.: Scientific Study of Unidentified Flying Objects. New York 1968.

Condon, E. U.: Project Director: Scientific Study of Unidentified Flying Objects. Bantam 1969.

Cordan, W.: Das Buch des Rates. Mythos und Geschichte der Maya. Düsseldorf 1962.

Cremo, Michael A., Thompson, Richard L.: Verbotene Archäologie. Essen 1996.

Davies, P.: Mehrfachwelten. Entdeckungen der Quantenphysik. Düsseldorf, Köln 1981.

Davies, P. C. W.: About Time: Einsteins Unfinished Revolution. New York, London 1995.

De San, M. G.: Hypothesis of the Origin of UFO's. Bologna 1979.

Drake, F.: Projekt Ozma. Physics Today, Vol. 14, 1961.

Drake, F. und Sobel, D.: Signale von anderen Welten. Mit dem NASA-Seti-Projekt auf der Suche nach fremden Intelligenzen. München 1994.

Einstein, A.: Mein Weltbild. Zürich, Stuttgart, Wien 1953.

Einstein, A.: Grundzüge der Relativitätstheorie. Essen 1963.

Einstein, A.: Über einen die Erzeugung und Verwandlung des Lichts betreffenden heuristischen Gesichtspunkt. In: Annalen der Physik 17, 1905.

Feinberg, G.: Projekt Prometheus. Olten, Freiburg 1970.

Feinberg, G. und Shapiro, R.: Life beyond Earth. New York 1980.

Fiebag, P. und Fiebag, R.: Aus den Tiefen des Alls. Tübingen 1985.

Fraunhofer, J.: Gesammelte Schriften. München 1888.

French, A. P. (Hrsg.): Albert Einstein. Wirkung und Auswirkung. Wiesbaden 1990.

Fritzsch, H.: Eine Formel verändert die Welt. Newton, Einstein und die Relativitätstheorie. München 1988.

Fritzsch, H. und Decker, U.: Was sind eigentlich Quarks. Bild der Wissenschaft Nr. 6, 1981.

Gamow, G.: Mr. Tomkins seltsame Reisen durch Kosmos und Mikrokosmos. Braunschweig, Wiesbaden. 1980.

Goetz, C. und Martens, V. v.: Memoiren. Stuttgart 1977.

Gould, J.: Zufall Mensch.

Gerald Johannes: Das Gegenteil ist wahr. Über Irrtümer, Lügen, Desinformationen in Wissenschaft und Politik.

Hawking, S.: Eine kurze Geschichte der Zeit. Reinbek 1988.

Heisenberg, W.: Physikalische Prinzipien der Quantentheorie. Heidelberg 1991.

Hoyle, F. und Wickramasinghe, N. C.: Evolution aus dem All. Berlin 1981.

Hubble, E.: The Realm of Nebulae. New York 1958.

Huxley, A.: Schöne neue Welt. München 1955.

Hynek, J. A.: The Ufo Experience. Chicago 1972.

Hynek, J. A.: Der UFO Report. München 1978.

Hynek, J. A.: UFO-Begegnungen der ersten, zweiten und dritten Art. München 1978.

Jacobs, D. M.: The UFO Controversy in Amerika. New York 1976.

Jovanovic, U. J.: Schlaf und Traum. Frankfurt/Main 1974.

Jung, C. G.: Geheimnisvolles am Horizont. Von Ufos und ähnlichen Phänomenen. Zürich 1992.

Jung, C. G.: Erinnerungen, Träume, Gedanken. Zürich 1997.

Kaku, M.: Im Hyperraum. Eine Reise durch Zeittunnel und Paralleluniversen. Reinbek 1998.

Kaku, M. und Trainer, J.: Jenseits von Einstein. Die Suche nach der Theorie des Universums. Frankfurt/Main, Leipzig 1993.

Kisch, E. E.: Paradies Amerika. Berlin 1994.

Koestler, A.: Der Mensch Irrläufer der Evolution. Bern 1978.

Koestler, A.: Die Nachtwandler. Das Bild des Universums im Wandel der Zeit. Frankfurt 1980.

Laotse: Tao-Teh-King. Pfullingen 1961.

Lindley, D.: Das Ende der Weltformel. Vom Myhos der »Großen Vereinheitlichten Theorie«. Frankfurt/Main 1997.

Lindley, D.: The End of Physics. New York 1993.

Lowell, P.: Mars. Boston 1895.

Ludwiger, I. v.: Der Stand der UFO-Forschung. Frankfurt/Main 1992.

Morrison, P., Billingham, J. und Wolfe, J. (Hrsg.): The Search of Extraterrestrial Intelligence (SETI). In: NASA Scientific Proceedings, Band 419, 1977.

Ostrander und Schroeder: PSI. Bern, München, Wien 1971.

Rhine, J. B.: The Reach of the Mind. Faber 1948.

Ringger, P.: Parapsychologie. Zürich 1957.

Rosenfeld, A.: Die zweite Schöpfung. Düsseldorf 1970.

R'yzl, M.: Parapsychologie. München–Genf 1970.

Sagan, C.: Unser Kosmos. München 1980.

Saunders, D. R. und Harkins, R.: Ufos? Yes!: Where the Condon Committee went wrong. New York 1968.

Seike, Sh.: The Principles of Ultra Relativity. 1972.

Shapley, H.: Wir Kinder von der Milchstraße. Düsseldorf 1965.

Schwinger, J.: Einsteins Erbe. Heidelberg 1988.

Targ, R. und Puthoff, H.: Jeder hat den 6. Sinn. Köln 1977.

Teilhard de Chardin, P.: Das Auftreten der Menschheit. Zürich 1965.

Teilhard de Chardin, P.: Die lebendige Macht der Evolution. Zürich 1987.

Teilhard de Chardin, P.: The Phenomenon of Man. Fontana Books 1969.

Tesla, N.: Meine Erfindungen. Sternthaler Verlag 1998.

Thorne, K. S.: Gekrümmter Raum und verbogene Zeit. Einsteins Vermächtnis. München 1994.

Ullmann, M. und Zimmermann, N.: Mit Träumen arbeiten. Stuttgart 1986.

Ullmann, M., Krippner, St. und Vaughan, A.: Dream Telepathie. London 1973.

Weinberg, S.: Die ersten drei Minuten. Der Ursprung des Universums. München 1983.

Weizsäcker, C. F. v.: Der Garten des Menschlichen. München 1977.

Register

Johannes von
Buttlar
Zeitreisen
Das »Granny-Paradox« oder
Besucher aus der Zukunft

Noch vor kurzem wurden Zeitreisen als Utopie abgetan.
Doch inzwischen sind auf Grund revolutionärer Erkenntnisse über die Beschaffenheit der Raum-Zeit sogar
einige international bekannte Wissenschaftler wie z.B.
Stephen W. Hawking zu der Überzeugung gelangt, dass
Zeitreisen grundsätzlich möglich sind.
Durch eine Reise in die Vergangenheit wird der gesunde
Menschenverstand stark gefordert. Was würde zum Beispiel geschehen, wenn ein Zeitreisender den Tod seiner
eigenen Großmutter verursacht, bevor deren Tochter,
also seine eigene Mutter, geboren wäre? Wieso existiert
der Zeitreisende dann überhaupt?
Johannes von Buttlar fasst die verschiedenen Theorien
über die Beschaffenheit der Raum-Zeit zusammen, beschreibt die theoretischen Grundlagen und stellt Denk-
modelle über die Verwirklichung von Zeitreisen vor.

ISBN 3-404-70163-1

BASTEI
LÜBBE